# Die Blühinsel

## zwischen Ackerland und Deisterrand

Fotografiert und beschrieben
von Susanne Frank

zu Klampen!

# Inhaltsverzeichnis

# Februar

*Winterruhe wird zur Winterunruhe*

# Februar

Der Buchsbaum wird vom Schnee befreit

Winterlicher Rosenstrauch

## 6. Februar

Nach sechs Wochen Schnee und Eis unternimmt Sieglinde Dorn mit mir einen ersten Rundgang durch ihren Garten, der noch unter einer dick verharschten Schneedecke liegt.
Die Pforte lässt sich gerade so weit öffnen, dass wir hindurchpassen. Rehe, deren Spuren sich über einige Gartenwege ziehen, machten es sich einfacher. Mithilfe steiler Schneewehen auf der Feldseite konnten sie den Zaun überwinden, um drinnen nach Futter zu suchen.
Grimmiger Wind und drückende Schneelasten haben beachtliche Schäden hinterlassen:
Geknickte Rhododendronzweige, abgebrochene Äste und gequetschte Buchsbaumkugeln treiben der Gartenbesitzerin Sorgenfalten auf die Stirn. Aufbindarbeiten an den Kletterrosen sind abgerissen und der große runde Lonicerabusch sieht ziemlich entstellt aus.
Das bringt Mehrarbeit von mindestens zwei bis drei Wochen, wohlgemerkt nachdem der Schnee getaut ist und das kann laut Wettervorhersage noch unbestimmte Zeit dauern. Die Frostschäden sind jetzt noch nicht sichtbar, aber zu erwarten.
Der Tag zeigt sich trübe und der Schnee eher als belastende denn als schützende Decke. Vom Lungenkraut, das sonst in der ersten Februarhälfte blüht, hängen traurige braune Blattlappen über der Staudenstütze.
Mit einer Schaufel befreit die Gärtnerin die großen Buchskugeln vom verharschten Schnee. Mehr kann sie nicht tun. Zwei kleine Frühblüher, die vor Schnee geschützt unter einem Busch kauern, treiben mager aus, aber künden noch nicht das Ende des Winters an. Sieglinde, der es eigentlich schon ordentlich in den Fingern juckt, und ich verlassen ein wenig betrübt das Gelände.

Doch siehe da – nach zehn Tagen Tauwetter kann in der letzten Februarwoche mit der Gartenarbeit begonnen werden. Die Wege haben sich in Rinnsale verwandelt.

Noch ist nicht zu erkennen, ob dieser Hypericumstrauch den Winter überlebt hat

Die Samen der Herbststauden dienen den Vögeln als Winternahrung

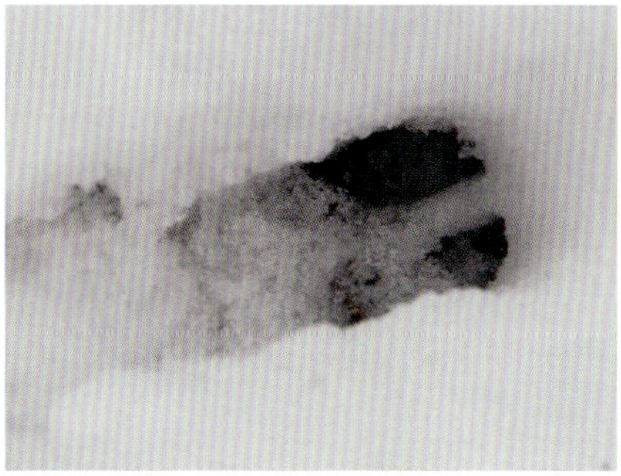

Eine letzte weiße Schicht schimmert noch durch das Wasser. Trotz derber Stiefelsohlen durchquert die Gärtnerin mehr rutschend als gehend das Gelände.

Das Ausmaß der Pflanzenschäden tritt von Tag zu Tag deutlicher hervor. Schwarz und traurig strecken viele Rosen ihre nicht mehr zu rettenden Zweige in die milder werdende Luft. Die sorgfältig angelegte Kompostdecke hat nicht ausgereicht, sie vor dem langen und harten Frost zu bewahren.

Die Schneeglöckchen läuten das Gartenjahr ein

Sieglinde beginnt sofort mit dem Schnitt der erfrorenen Triebe. In das grüne Holz sollte nach einer alten Gärtnerregel erst geschnitten werden, wenn die Forsythien blühen. Eine Reihe von Neuanpflanzungen bei den Gehölzen hat es ebenfalls erwischt.
Viele große Salbei- und Lavendelpflanzen sind auseinandergebrochen. Welche von ihnen überlebt haben, ist noch nicht auszumachen.

Damit hat der Garten in einem Zeitraum von über dreißig Jahren seinen schwersten Schlag erlitten.
Von all dem unbeeindruckt bahnen sich nur Schneeglöckchen ihren Weg durch platt gedrücktes Laub oder verwitterte Stauden.

Sieglinde beginnt, die Stauden herunterzuschneiden und Johannisbeer- sowie Stachelbeerbüsche auszulichten. Bei der Arbeit lässt es sich kaum vermeiden, dass das eine oder andere Schneeglöckchen zertreten wird.

Kalter Dauerregen setzt ein. Hier zwischen Feld und Wald steht kein Haus, in das man sich begeben könnte, um sich mal eben aufzuwärmen. Ein heißer Tee aus der Thermoskanne tut es auch, muss reichen.
Aus jahrelanger Erfahrung weiß Sieglinde, wieviel Kälte und Nässe sie sich zumuten kann, ohne eine Erkältung zu riskieren. Deshalb hat sie sich für eine Arbeitszeit von täglich vier Stunden zwischen Vormittag und frühem Nachmittag entschieden.

# März

am Boden Arbeit, in der Höhe Belcanto

# März

## 3. bis 15. März

In den ersten Märztagen säubert Sieglinde Nistkästen, durchsucht den Garten nach weiteren Schäden und richtet die vielen kleinen Lebensbäume wieder auf, die der Schnee in Schräglage versetzt hatte.
Sonnenschein – und die Freude darüber – bringen es fertig, sich dabei behaglich zu fühlen. Die hohen Ziergräser müssen jetzt zügig geschnitten werden.

Pfingstrosen, die beim Herbstschnitt übersehen wurden, werden rasch vom alten Laub befreit, damit der Neuaustrieb Luft und Licht bekommt. Glasig und angefault schauen die französischen Taglilien unter dem Restschnee hervor. Was ist passiert? Diese Sorten treiben fristgerecht im Spätherbst aus und so passiert es in langen Wintern, dass sie unter dem Schnee ersticken.

Dieses Nest holte Sieglinde aus einem Nistkasten

Zwischen den trockenen Zweigen klammert sich hier und da noch ein altes Vogelnest fest

Besonders die Sorten mit sehr frühem Austrieb verlangen nach einer „flinken“ Schere, damit das frisch austreibende Grün nicht gleich mit abgeschnitten wird.
In trockenen Horsten fanden Mäuse offenbar wohlige Winterquartiere. Auch Nelkenpolster sind von Mauselöchern durchsetzt, was ihre Verursacher ein weiteres Mal in Ungnade fallen lässt.
Sieglinde wird große Teile des Monats mit Schneidarbeiten verbringen. Trockener Grasschnitt, Herbstasternzweige und erfrorene Rosen häufen sich nach wenigen Tagen zu etlichen Kubikmetern Biomasse an. Wie in jedem Jahr schichtet sie den dornigen Rosenschnitt in langen Mieten zu Vogelschutzgehölzen auf.

An den sonst üppig wachsenden Fetthennen haben sich Mäuse gütlich getan: Die Hälfte der gerade austreibenden Pflanzen liegt entweder wurzellos auf dem Boden oder ist zwar noch verwurzelt, aber ihrer knospigen, runden Blattaustriebe beraubt. Auch beim Phlox und bei den Astilben ist einiger Verlust durch Mäusefraß zu beklagen. In einem harten Winter muss der Garten offenbar viele hungrige Mäuler stopfen. Auf den Bart-irisbeeten grünen die ersten Rosetten des Springkrauts. Schnellstmöglichst werden sie entfernt, denn die Iris reagiert auf solche Störenfriede empfindlich und wird darum auch nicht mit Kompost gedüngt. Eine Kalkzugabe im Herbst sowie organischer Dünger aus dem Fachhandel sorgen für gesundes Wachstum.

Gearbeitet wird nicht nach einem genauen Flächenplan, sondern nach Dringlichkeit. Sieglinde verwandelt an jedem Arbeitstag etwa dreißig Quadratmeter zerdrückte Winterfläche in aufgelockerte Beete. Trotz dieser ersten anstrengenden Tage ist sie glücklich, endlich wieder Frühlingsluft in ihrem geliebten Garten atmen zu können.

Schutzkleidung

Ziergrasschnitt

Die alte Korkenzieherhasel ist mit erfrorenen Rosenranken durchsetzt

Am Ende der ersten Märzwoche schickt ein Wettertief noch einmal eine unerwünschte weiße Schicht aus zehn Zentimetern Neuschnee. Doch das hält Sieglinde nicht davon ab, weitere Büsche, Gräser und Rosen zu schneiden. Bedingt durch die vielen Zusatzarbeiten lässt die Gärtnerin den Obstbaumschnitt in diesem Jahr ausfallen. Am Wochenende kommt starker Regen auf und erzwingt eine Pause. Sie nutzt die Gelegenheit, um mit einer Gartenfreundin einen Pflanzenmarkt zu besuchen. Duftnelken, vorgezogene Hortensien in einem besonders schönen Dunkelrosa, gelbe Lupinen und Bergenien trägt sie heim. Mit einem Garten ist es wie mit einem Kleiderschrank: Er kann noch so prall bestückt sein – von Zeit zu Zeit und auch in wiederkehrenden Abständen brauchen wir etwas Neues in Form und Farbe.

# März

Die Nelken will Sieglinde an einen Sitzplatz pflanzen. Schon jetzt malt sie sich aus, wie der würzige Duft sie im Frühsommer verwöhnen wird. Mir gefällt die Auffassung, bei aller Arbeit auch den Genuss mit einzubeziehen.

In der dritten Märzwoche soll die Böschung zum Feldweg geordnet werden. Die vor einigen Jahren angelegte blauviolette Farbmischung aus Herbstastern, Günsel und Prunella hat sich dort „zu stark ausgebreitet".

Der junge Mann ist angeheuert, einige besonders anstrengende Arbeiten zu erledigen: Eine sechs Meter hohe Eibe im Grund, der Vertiefung im hinteren Gartenteil, soll er in Form schneiden. Das Ergebnis sieht dann etwas struppig aus. Anschließend verteilt er den verrotteten Kaninchenmist, den regelmäßig ein Dorfbewohner vorbeibringt, auf Kübel und trägt ihn zu den Beeträndern, von wo aus Sieglinde die Feinverteilung übernehmen wird.

Die trockenen Reste der Vorjahresstauden werden zum Kompost getragen

Christrosensämling, rotblättrige Wofsmilch und Rosenaustrieb

## 18. März

Sieglinde erledigt fast die gesamte Gartenarbeit selbst, ja sie fällt sogar völlig allein Bäume, wenn sie über keine helfende Hand verfügt. Es lässt sich nicht mit Zahlen ausdrücken, wie viel Erde sie schon ausgehoben hat, um Wurzeln freizulegen oder von A nach B zu karren. Sie wühlt im und am Boden oder lichtet Obstgehölze in Höhen, die bis zu fünfmal höher sind als sie.
Heute jedoch ist einer der dünn gesäten Tage mit einer zusätzlichen Kraft.

Später stellt sie fest, dass ein paar Kübel auf Staudenaustrieben abgestellt sind und versucht zu retten, was zu retten ist.
Schließlich schneidet er noch den mit Herbstastern bestückten Rand des Nutzgartens und schafft die Zweigbündel zum Kompost.
Nebenan lugen die frisch gekauften Bergenien bereits aus feinkrümliger Gartenerde.

# April

ein ganzer Monat voller Überraschungen

# April

## 1. bis 5. April

Die hohen Bäume, die den Garten umgeben, schimmern in zartem Grün. Erste Kastanienknospen brechen auf und kleine Hummeln brummen durch das Lungenkraut.

Die Irissammlung gehört zu den anspruchsvollsten Schätzen im Garten Dorn. Ihre Rhizome fühlen sich nur wohl, wenn sie von offenem Boden umgeben sind.

Der rote Fleck zeigt es an: die Gärtnerin ist da

Lungenkraut als frühe Hummelnahrung

Der unerwartete Sonnenschein wirkt sich belebend aus. Als ich am späten Vormittag eintreffe, finde ich eine Schubkarre voller mitgebrachter Arbeitsutensilien und selbstgebackenem Apfelkuchen neben dem Eingang vor. Zugleich kommt mir Sieglinde mit einer überrandvollen
Karre entgegen. Drin liegt das erfrorene Holz einer ehemals vier Meter hohen Kletterrose, ihre Stützstangen aus entrindeten Ästen lehnen an einem Baum. Sie berichtet mir von den Arbeiten des Vortages: Im großen Bartirisbeet hat sie den Boden gelockert und erneut vom Springkraut befreit.
Schmale Ziegelsteinwege unterteilen die etwa fünfzig Quadratmeter große Fläche.
Um die graugrünen Pflanzen besser zu erreichen, legte sie einen weiteren Weg an.

Im April und Mai wird darum etwa alle zwei Wochen vorsichtig aber gründlich gejätet.
Dafür ist die Duft- und Farbenpracht dieser stolzen Diven im Frühsommer überwältigend.
Das Rosenschneiden zieht sich in die Länge, da die Augen dabei die nähere Umgebung erfassen und immer wieder andere Arbeiten erspähen, die dann mal eben dazwischen geschoben werden.
Pünktlich zum Aprilbeginn setzen Graupelschauer ein und stören die Arbeit, doch gerade das graue Wetter lässt die Farbtupfer des Gartens hervortreten.
Ein rot blühender Lerchensporn sowie sein seltenerer Verwandter in Gelb, der farnblättrige *Corydalis cheilanthifolia* haben ihre Knospen geöffnet.
Das freut die Gärtnerin besonders, denn eigentlich mag er die nasse, lehmige Erde, in der er hier steckt, nicht.

# April

Die Gärtnerin lichtet weiter aus – gegen die unzähligen Sämlinge ist sie fast machtlos. Dabei freut sie sich über jeden, der nicht in den Kompost muss, sondern einen neuen Garten als Zuhause bekommt. Sommerflieder ist übrig, weißer Lerchensporn für große Flächen und vom weißen Eisenhut mag sie auch etwas abgeben.
Heute werde ich über sinnvolle Praktiken des Himbeerenschneidens informiert:
Frühe und späte, einmal tragende und zwei Mal tragende – alles gar nicht so einfach ...
Die neu getriebenen Ruten der zwei Mal tragenden Himbeeren werden zurückgeschnitten.
So wird der zweite Austrieb gefördert und es gibt nur eine Ernte. Würde es zu der zweiten Ernte kommen, könnte ein früh einsetzender Frost dieser ein schnelles Ende setzen.
Einen richtigen Aprilschatz stellt das geputzte gelbe Beet aus Primeln und Himmelsschlüsseln am langen Südrand des Gartens dar.

Die Freude darüber wird gedämpft durch eine unschöne Entdeckung: Den dort angelegten Weg hat die Gärtnerin versehentlich auf eine Reihe von Türkenbundlilien gesetzt, die jetzt hilferufend aus einigen Ritzen hervorschauen. Natürlich baut sie den Weg sofort um.
Als wir bei unserem Rundgang das violette Primelbeet erreichen, stößt Sieglinde wieder auf einen Eindringling:
Der Vergissmeinnichtsämling wird sofort entfernt – da ist sie kompromisslos. Hier und da treffen wir immer noch auf vom Frost hochgedrückte Stauden, die wieder in die Erde zurück müssen. Bei zu geringer Bodenhaftung könnten sie vertrocknen.
Den hinteren Gartenbereich, ihren Waldgarten, hat Sieglinde seit einer Woche nicht mehr gesichtet. Um so größer ist jetzt die Überraschung beim Anblick einer Strauchpäonie, die im letzten Jahr schwächelte und nun einen Austrieb von stolzen dreißig Zentimetern vorweist. Diese oft unverhofften Entdeckungen gehören zu den größten Frühjahrsfreuden.

Rasanter Pfingstrosenaustrieb

Unter Sieglindes emsigen Händen hat sich auch das Gemüseland weiter entwickelt: Die mit Holzbrettern umrandeten, etwa einen halben Meter breiten Beete, insgesamt dreißig laufende Meter und die Erdbeerreihen hat sie komplett gesäubert.
Hier wird nicht nur Essbares herangezogen: Sämlinge von einjährigen Sommerblumen fassen ebenfalls Fuß und selbst gezogene Rosenstecklinge verbringen auf dem übersichtlichen Gelände ihre ersten Monate.

Schuppenartiger Blattaustrieb der Wiesenraute

Dieser Storchschnabel ist schon vor der Blütezeit eine Augenweide

Die ersten Salate, Porree und Kohlrabi sind gepflanzt

Ein besonders bizarres Bild gibt der Austrieb der Wiesenraute *Thalictrum* ab, ihre Blätter erinnern anfangs an fein übereinander liegende Fischschuppen.
Einen Strauß Kerbel fürs Quarkbrot darf ich mitnehmen und den Tipp, dass man ihn nach der Blüte ruhig versamen lassen sollte. So kommt es mit etwas Glück zu einer zweiten Ernte.
Auch vom rotädrigen Sauerampfer ist reichlich zum Abgeben vorhanden. Ich freue mich schon auf mein gesundes Abendessen.

Zum Schluss fotografiere ich noch den Storchschnabel *Geranium nodosum*, der wegen seiner großen glänzenden Blätter lange vor der zartvioletten Blüte auffällt.
Mit dem Sonnenschein ist es dann erst einmal vorbei. Wind und unangenehmer Nieselregen verderben den Spaß an der Weiterarbeit. Das hält Sieglinde nicht davon ab, viele Steine zu bewegen, mit denen sie weitere Wege anlegt. Ihr Rücken leidet, jedoch das gute Gefühl, viel geschafft zu haben und ein sonniger Ausgang des Sonntagnachmittags entschädigen sie für viele Unannehmlichkeiten.

## 15. April

Die sauber vorbereiteten Gemüsebeete sind plötzlich grün. In einem großen Kraftakt hat Sieglinde 120 Gemüsepflanzen in biologisch dynamischer Qualität gesetzt: Salate, Porree und Kohlrabi.
Ist es nicht noch zu kalt? Bei den morgendlichen fünf bis sieben Grad sind doch Nachtfröste nicht auszuschließen?
Die Gärtnerin ist optimistisch: „Die Blätter der Kirschbäume, die täglich etwas größer werden, halten genügend Kälte ab."
Es hat tatsächlich wieder einen grünen Sprung in den letzten Tagen gegeben – und einen weißen: Strahlend beginnen die Süßkirschen vor blauem Himmel zu blühen. Dieser ruhige, sonnige Nachmittag erlaubt uns eine Teepause.

## Kirschblütentraum

Mehrere Plattenwege sind von Lehm, Moos, Sämlingen und aus den Beeten überbordenden Pflanzen befreit worden, um Gartenspaziergänge angenehmer zu machen. Und auch das Auge ruht lieber auf sauberen als auf lehmigen Schneisen. Das finden die Menschen. Nicht so die Amseln. Sie tun ihr Möglichstes, um diese Arbeit mit ihrer Futtersuche unter dem Laub und in lockerer Erde am Wegesrand wieder zunichte zu machen.
Während die Vögel über der Erde arbeiten, sorgen die Mäuse unterirdisch immer wieder für abgesenkte oder schiefe Wege, die zu Stolpersteinen werden können und schon deswegen gerichtet werden müssen.

Blüte der weidenblättrigen Birne

´Angelique`

´National Velvet`

´Peppermint Stick`

Wir setzen den Rundweg fort. Die Stelle, die bis vor kurzem ein üppiger, rund geschnittener Lonicerabusch einnahm, ist leer. Die erfrorene Pflanze entfernte Sieglinde komplett. Wir sprechen über mögliche Alternativen.
Soll hier ein größerer Sitzplatz entstehen oder ein neuer Blickfang gepflanzt werden?
Und wenn ja, was? Wohin würde man schauen und wie sähe der neue Platz von weitem aus? Keine augenscheinliche Lösung befriedigt. Es eilt ja auch nicht. Wir erfreuen uns an den ersten Tulpen. In feiner Farbabstimmung recken sie ihre Köpfe. Gut, dass sie in geschützte Töpfe mit Drahtabdeckung gepflanzt wurden.

Bei Gartenspaziergängen ist Sieglinde nie ohne ihren kleinen Ausstecher unterwegs, mit dem unerwünschte Wildkräuter oder Sämlinge sehr schnell aus der Erde geholt werden können, ohne Umliegendes zu verletzen.
Im Nelkenbeet hat sich eine Waldrandwildstaude breit gemacht, die der Nelke verblüffend ähnlich sieht und ihre zarten Stängelchen in Abständen von fünf bis 10 cm keck in die Höhe reckt. Wenn hier nicht schnell zugegriffen wird, öffnet sie in wenigen Tagen ihre ersten Blüten und bis zu einer Versamung vergeht dann auch nicht mehr als eine gute Woche. Da heißt es rasch zugreifen.

Erst gegen 18 Uhr verlasse ich, eimerweise mit Ablegern von Sedumbodendeckern und einem Schneeball beladen, das „Arbeitsparadies".

## 22. April

Eine große Herausforderung im gut 200 Quadratmeter großen Nutzgarten stellen die vier Reihen Erdbeeren dar – jede misst dreißig Meter.
Nachdem der Boden aufgelockert und der Kompost aufgebracht sind, müssen die Pflanzen jetzt vor Feuchtigkeit oder Austrocknung und Schneckenfraß geschützt werden. Sieglinde schichtet eine dicke Lage Zeitungspapier unter die Pflanzen und verteilt Stroh darüber. Unter dem Papier sammeln sich dann die Nacktschnecken und können einfach abgelesen werden.
Ich bewundere das fertige Werk. Um ihre Knie zu schonen, hat sie die Arbeit auf drei Tage verteilt.

## Gemüseland mit Erdbeerbeeten

Für einen Nachmittag gibt es Hilfe von Moritz, der sich mit Umgrabarbeiten sein Taschengeld aufbessern möchte.
Eine ungewohnte Tätigkeit, die ihn bereits nach zwölf Quadratmetern völlig erschöpft und so bleibt ein Teil des Nutzgartens weitere Tage brach liegen.
Ist dann erst einmal umgegraben, muss die Erde auch bestellt werden, sonst setzen sich schnellstens Wildkräuter in die vorbereitete Fläche. Grüne und gelbe Bohnen, Salat und Kürbis sollen gesät werden. Hier und da gibt es schon kleine Ernten:
Als erste Kräuter können Kerbel und Schnittlauch geschnitten werden.

Die fleißigen Ameisen sind im Garten Dorn gern gesehene Gäste

In Töpfen entwickelt Rhabarber längere Stiele

Wie winziger Blumenkohl sehen Rhabarberknospen aus

Johannisbeerblüten

## 26. April

In diesen Wochen empfängt Sieglinde mich meist mit den Worten: „Es hat sich viel getan." Und auch ich habe den Eindruck, dass wir die Pflanzen förmlich wachsen und aufblühen sehen können – ein warmer Sonntag mit darauf folgendem Regen gibt einen weiteren Schub.

Im längst herbeigesehnten Nass schneidet sie sechs Stunden lang erfrorene, meterlange Kletterrosentriebe. Ihre Devise lautet: es muss und muss und muss – ihre Umschreibung für eiserne Arbeitsdisziplin.
In den folgenden Wochen werden sogar bereits ausgeschlagene Rosentriebe wieder absterben.

Über den Rhabarber stülpte Sieglinde vor drei Wochen alte Töpfe, damit er sich ordentlich zum Licht strecken muss und so längere Stängel entwickelt. Jetzt können daraus die ersten Kuchen gebacken werden. Wir probieren jede ein anderes Rezept aus und vergleichen die Ergebnisse während einer gemütlichen Pause im Garten:
Versehen mit einer dicken Fruchtschicht und Baiserauflage schmeckt Sieglindes Kuchen schön saftig.
Mein Rezept ist das richtige für ein Picknick. Mit der dünneren Rhabarberschicht und Streuseln darüber ist er zwar trockener, aber dafür transportgeeignet.

# Mai

Regen zaubert neue Farben hervor

Ein ungebetener Gast, da seine Engerlinge großen Schaden anrichten

Hasenglöckchen trotzen dem regnerischen und kalten Maibeginn

Färberwaid

## 6. bis 10. Mai

Kalt und tiefgrau beginnt der Tag. Es nieselt und noch mehr Regen ist angesagt. Ganze acht Grad zeigt das Thermometer. Ich frage mich, ob im Zuge der Klimaerwärmung auch die „Kalte Sophie" nach vorne gerutscht ist. Vorsichtshalber erkundige ich mich telefonisch, ob Sieglinde wirklich vorhat, den Garten aufzusuchen. Was für eine Frage! Natürlich wird sie die Aufräumarbeiten fortsetzen.
Seit zwei Tagen kämpft sie schon mit den erfrorenen Ruten einer Kletterrose, die sich über Jahre eine Korkenzieherhasel als Gerüst ausgesucht hatte.

Die letzten noch im Winterkleid verbliebenen Beete sollen geputzt werden, denn Sonntag kommt Besuch. Eine Frau aus dem Dorf hat sich angemeldet, die ihren Gästen einen Gartenrundgang bieten möchte. Wie so manch anderer Spaziergänger entdeckte auch sie das Dorado zunächst als Zaungast. Auf diese Weise entstanden schon viele Bekanntschaften.

Mit Lehmboden gefüllte Eimer und Säcke aus meinem heimischen Garten ziehen heute um in den Garten Dorn. Über den holprigen Feldweg fahre ich ausnahmsweise mit dem Auto bis zum Gartentürchen, um sogleich die Erde in eine Schubkarre umzuladen.

Kopfschüttelnd kommt Sieglinde mir mit einer anderen Karre entgegen – „Nein, die doch nicht, die hat einen platten Reifen." Obwohl er geflickt und aufgepumpt wurde, hält er die Luft nicht.

Die Erde wird in den hinteren Gartenteil befördert. Dabei ist Vorsicht geboten: So mancher Pflanze ist es im Beet zu eng geworden und hat bereits den schmalen Plattenweg erobert – da wird schnell etwas zerdrückt. Trotz kühler Witterung wächst alles emsig.

Wir gehen zurück zum Gemüseland. Hier recken sich senkrecht verwilderte, grüne Spargelstangen aus einem der Vergissmeinnicht-Beete. Für zwei Mahlzeiten könnten sie reichen. Vereinzelt schaukelt in einem halben Meter Höhe auch zartgelber, knospiger Färberwaid.

## Frühjahrsputz im *Grund*

Und dahinter? Da war ja noch jemand fleißig, denn die ganze Brachfläche ist sorgfältig umgegraben. Der in der vergangenen Woche engagierte junge Mann – der dritte Versuch in dieser Saison – hat offenbar zügig und zu Sieglindes Zufriedenheit gearbeitet.
Wenige Meter hinter dem Gemüseland erblüht ein Zwergfliederbusch violett. Er erfüllt seine Umgebung nicht nur im Mai mit köstlichem Duft, sondern wartet mit einer zweiten Blüte im Herbst auf.
Ein neuer Bewohner sei noch erwähnt: Erstmals nistet eine Mönchsgrasmücke in der dornigen Berberitze. Bei ihrem schönen Gesang wird die Arbeit leichter von der Hand gehen und für die Besucher hält sie vielleicht ein besonders schönes Lied bereit.
Am kommenden Wochenende finden im Stadtpark von Hannover so genannte Pflanzentage statt, an denen viele Gärtnereien neben gängigen Pflanzen auch Besonderheiten anbieten.

Pflegeleicht und immer ein Hingucker – Ensemble aus Zierkiwi, Buchs, Gras und Bergenien

Zartvioletter Zwergflieder, davor Silbertaler *Lunaria annua*

Das *Hypericum* schiebt vorsichtig zartgrüne Blätter aus den Zweigen

Sie sind ein absolutes Muss für eine Gärtnerin wie Sieglinde Dorn, besonders nach einem verlustreichen Winter wie diesem. Sie will auf die Suche nach einigen passenden Clematissorten gehen und dabei wird es sicherlich nicht bleiben.

Auf einen Pfirsichsämling werde ich noch aufmerksam gemacht und dann ist mein heutiger Besuch auch schon beendet. Wieder verlasse ich den Garten mit einem Eimer voller Ableger – Eisenkraut, violette Flockenblumen, Wolfsmilch und Storchschnabel sind es diesmal. Sie hätten ihr Dasein sonst auf dem Komposthaufen beendet. Kalte Füße und Hände habe ich bekommen – um warm zu bleiben, muss man heute besonders fleißig arbeiten.

Ein feuchtkalter Samstag und ein durch Sonnenschein wieder versöhnender Sonntag bildeten das begegnungsreiche Wochenende. Auf dem Pflanzenmarkt drängten sich mehrere Tausend Besucher, froren, kauften und schleppten mit Handwagen, Einkaufskörben und Schubkarren die dort erworbenen Schätze heim.

## Die wehrhafte *Rosa Sancta* beginnt zu blühen

Sieglinde fand keine passende Clematis, dafür aber eine Rotblättrige Wolfsmilch *Euphorbia amygdaloides* und verschiedene Phloxe. Sie werden sofort eingepflanzt.
Am Sonntagnachmittag schauen sie den Gartenbesuchern bereits von ihren neuen Plätzen entgegen, als stünden sie schon immer dort. Ich erfahre, dass die Städter ein wenig enttäuscht wirkten, weil noch nicht so viel blühte. Der Sonnenschein jedoch ließ auch das Grün im Garten satt erstrahlen, so dass sie doch noch ein schönes Farberleben mit nach Hause nahmen. Ganz ist das Braun auch jetzt nicht verschwunden. Von den beiden stattlichen, rund geschnittenen Johanniskrautbüschen, treibt einer an den Zweigenden aus, der andere schiebt vom Boden her grüne Triebe hervor.
Viel besser als die Pflanzen haben offenbar die Mäuse den Winter überstanden: Sie haben sich schonungslos vermehrt und vereiteln nun so manchen Wiederauferstehungsversuch. Sie sind eine richtige Plage. Die zarten Clematispflanzen haben gleich zwei Widersacher: Die Rötelmaus frisst von oben, die Wühlmaus lebt in Saus und Braus von den Wurzeln.

Die austreibende Clematis im „Mäuseschutzmantel"

Spierenstrauch

*Deutzia gracilis* im Waldgarten

*Primula sieboldii*

Freude bereitet ihr dagegen der Grünfink, weil ihm die Samen der Pusteblumen schmecken, auf denen er sich niederlässt und dabei noch schaukelt.
Wann immer die Gärtnerin eine Vogelbrutstelle bei der Arbeit entdeckt, meidet sie diesen Ort. „Ich entschuldige mich bei den Vögeln, wenn ich ihnen zu nahe komme."

Beim Gartenrundgang erfahre ich, woher die einst als Wildrose im Nordwesten Äthiopiens gefundene *Rosa sancta* ihren Namen hat: In ihrer Heimat war es üblich, den Toten wertvolle Grabbeigaben mitzugeben. Sie war mit ihren zahlreichen harten Stacheln und dem starkbuschigen Wuchs eine willkommene Pflanze, um Grabräuber abzuwehren. Auch hier hat sie sich nach dem Schnitt schon einen Meter nach vorn ausgebreitet und drückt nun auf eine Taglilie und eine Katzenminze.

An anderer Stelle gerät umgekehrt eine austreibende Rose in Nöte durch starkwüchsige Stauden um sie herum.

Eine weitere Ausbreitungstendenz gibt es auf dem „gelben Beet": Eine Freundin brachte vor drei Jahren die kleine, gelb panaschierte Eberraute *Arthemisia vulgaris* \`Oriental Limelight´ mit, die inzwischen eine Fläche von vier Quadratmetern bedeckt.

Überall strecken sich Stauden, die vor kurzem erst wenige Zentimeter lange Triebe aus dem Boden schickten: Die bizarren Knospen der Jungkerlilie *Asphodeline lutea* fallen mir ins Auge. In wenigen Tagen werden ihre gelben Blüten erscheinen.

Die Gärtnerin überrascht mich immer wieder mit ihrem geschärften Blick für zentimeterkleine Besonderheiten in diesem Meer von Pflanzen – sei es ein winziger, aber besonderer Sämling oder das hübsche Gesicht einer einzigen kleinen Stiefmütterchenblüte – ihr entgeht nichts.

## Das gelbe Beet mit Blick in Richtung Waldgarten

Im unteren Waldgarten blühen mit feinen weißen Rispen ein Spierenstrauch und eine *Deutzia gracilis* auf, wegen seiner Blütenform auch als Maiglöckchenstrauch bekannt. Vielleicht aufgrund ihrer unterschiedlichen Standorte entwickeln sie sich recht verschieden – der im Schatten wachsende Strauch trägt ein hellgrünes Laubkleid und wenige Blüten, der im Licht ist voller Blüten an braunen, blattlosen Zweigen.

Ebenfalls im Waldgarten entdecken wir noch die frisch austreibende Hortensienverwandte *Tiarella* und eine zartviolette Primel mit Blütenblättern wie Engelsflügel, *Primula sieboldii.*

Die bizarren Knospen der Jungkerlilie

Vorgezogenes und neu Erworbenes auf der Gartenwartebank

Spierenstrauch *Exochorda x macrantha* ´The Bride`

## 13. Mai

Das Maiengrün glänzt erfolgreich gegen den beharrlich trüben Himmel an. Nur wenige Meter vom Eingang entfernt leuchten in strahlendem Weiß zwei Spieren der Sorte *Exochorda x macrantha* ´The Bride`. Ihre überhängenden Zweige sind voller jasmingroßer, dicker Blüten.

Die Bodenauflockerungsarbeiten sind jetzt so gut wie abgeschlossen, nein, abgeschlossen sind sie natürlich nie, aber jedes Fleckchen ist jetzt mindestens einmal in den Genuss einer Bearbeitung gekommen.

Regen verdichtet den Boden zwischen den Pflanzen von neuem, aber täglich breitet sich die Blattmasse mehr aus und die braunen Erdflecken werden bald nur noch dort sichtbar sein, wo es für das Wohlergehen einer Pflanze unabdingbar ist, Freiraum um sich zu haben.

Die Schnittarbeiten an den Kletterrosen waren zwar nicht komplett zu schaffen, doch wen kümmert's? Das verbliebene „Gestrüpp" in der Kiefer hängt dort ganz gut und schadet nicht.

Der Boden wartet auf weitere Einsaat

Die knospigen Pfingstrosen fordern die nächste Aufmerksamkeit. Wenn die Elsheiligen vorbei sind, es endlich warm wird und ihre schweren Blüten sich entfalten, drohen erste Gewitter mit Platzregen. Darum müssen die etwa hundert Päonien zügig angebunden werden.

Aus Sieglindes Innenhof sind heute fünf Kisten mit aus Samen vorgezogenen Stauden und einjährigen Sommerblumen in den Garten umgezogen:
Storchschnabel, Kokardenblumen sowie noch Unbekanntes aus hier und da „gemausten" Samen.
Ungefähr achtzig Pflänzchen wollen in die Erde – hoffentlich bekommen sie nicht zu kalte Füße!
Einen Strauß Apfelminze pflücke ich heute, lauter obere Drittel der Stängel. Sie werden abgeknipst, bevor sich eine Blüte bildet. So verzweigt sich die Pflanze und bildet zwei oder drei Blüten pro Stängel – sehr zur Freude der Hummeln. Und aus dem Minzestrauß bereite ich mir einen erfrischenden Aufguss.

Einen Wildfliederableger, einen Buchsbaum und, oh welches Glück, so eine zartviolette Engelsflügelprimel nehme ich als Gartengeschenke auch noch mit nach Hause.

## 17. Mai

Zwei große Löcher in einem frisch geputzten Beet überraschen heute Morgen Sieglinde – ringsherum verteilt liegen graue Stofffetzchen. Wer könnte der Übeltäter gewesen sein? Wenn sie richtig vermutet, war er aus gärtnerischer Sicht sogar nützlich. Sie tippt auf einen Marder, der auf Mäusenester aus ist – wenn er mit Erfolg gesucht hat, verzeiht sie ihm die angerichtete Unordnung, denn sie hat dann eine Mausefamilie weniger unter ihren Stauden und Rosen.

# Mai

Mehr Ärger bereitet der Rosentriebfraß an etlichen Pflanzen – verantwortlich dafür sind wohl Rehe, nur ist die undichte Stelle im Zaun nicht zu finden.
Ich frage mich, wer eigentlich mehr Erde in diesem Garten bewegt – die Hundertschaft von Mäusen und Mardern oder die Gärtnerin? Es liegt so viel Arbeit an, dass sich Sieglinde heute mindestens vier Hände wünscht.

Neue Schutzanzüge aus Draht für Clematispflanzen hat Sieglinde gebastelt, ebensolche aus dornigen Rosenzweigen für eine Sterndolde.
An die dreißig Stützgitter und -stäbe hat sie noch zusammengetragen, die nun ordentlich gestapelt auf ihren Sommereinsatz warten. Trödelarbeiten nennt die Gärtnerin derartige Tätigkeiten „sie nehmen viel Zeit in Anspruch und man sieht nichts."

Diese rosé-violette Komposition aus Grasnelken, Hornveilchen und Sauerklee ließen die Mäuse unbeachtet.

Für die gelb blühenden Berberitzen mussten drei Rosen weichen

Ich soll raten, was sie verändert hat und scheitere kläglich. Es ist so ähnlich wie mit einem aufgeräumten Haushalt, wo man auch die getane Arbeit nicht sieht, aber die unerledigte.

Dabei sind es drei große Rosen, die sie verpflanzt hat, damit sich die Berberitze mit den schönen gelben Blüten besser ausbreiten kann. Armdicke Wurzeln hatten sie, es war ein mehrere Stunden dauernder „Kampf".
Neben ihr steht ein Korb mit ausgepflanzten Primeln – sie entwickeln sich besser, wenn sie alle paar Jahre geteilt werden und neue Plätze erhalten.
Und als ob das nicht schon genug wäre, entfernt sie in der letzten halben Stunde des Arbeitstages noch ein altes Rosengitter.

Eine Gartenfreundin hat am Wochenende einige Kisten mit Rinde und Feldsteinen vorbeigebracht.
Es ist willkommenes Material, um Wege zu gestalten und überbordende Pflanzen zu stützen.

Wegeveränderungen sind Dauerthema im Garten Dorn.
Die rotblättrigen Berberitzen mit den überhängenden Zweigen und dem zarten grünen Blattrand *Berberis thunbergii* ´Coronita` kratzen im Vorbeigehen. Man könnte sie zurückschneiden, aber dann wären sie eines Teils ihrer Schönheit beraubt.
Das kommt nicht in Frage. Also wird der Weg so verlegt, dass er einen kleinen Bogen bildet.

Also nimmt sie die Betonplatten hoch, ebnet den Boden und verlegt sie neu.
Der Kupfermond *Rodgersia podophylla* benötigt ebenfalls eine Wegeveränderung.
So vergehen schnell sechs bis acht Stunden in dieser Spätfrühlingszeit mit ihren sichtbar länger werdenden Tagen. Warm wird der Gärtnerin dabei, aber ins Schwitzen gerät sie nicht bei den kühlen acht bis zwölf Graden, die sich auch nach den Eisheiligen bis auf Ausnahmen konstant halten. Dazu gibt es immer wieder Regenschauer. Nass, pappig und klumpig ist der schwere Lehmboden und verlangt wiederholtes Auflockern.

Hier entfernte Sieglinde ein altes Rosengitter

Der Kupfermond *Rodgersia* bekommt mehr Platz

Die Sterndolde wird mit Dornen vor Mäusen geschützt

Die ersten Storchschnäbel

Die ersten Storchschnäbel sind erblüht – neue Farben, neues Insektenfutter, neue Arrangements für das Auge.
Sieglinde ist des Lobes voll für sie, da sie bei aller Schönheit sehr pflegeleicht sind. Die meisten Sorten kommen mit fast jedem Boden zurecht und arbeiten sich stetig vor. Sie ernähren sich von den sie umgebenden Pflanzenresten. Von niedrigen, bodendeckenden Sorten bis hin zu solchen, die bis zu einem Meter hoch werden oder sich an anderen Pflanzen emporhangeln, erstreckt sich das Angebot. Jedes Stückchen Wurzel bringt eine neue Pflanze hervor und für jede Farbumgebung gibt es eine passende Nuance.

## 18. Mai

Der Mai bleibt nass. Regen liegt schwer auf den zarten jungen Rosenblättern und drückt manches noch nicht Angebändelte zu Boden. Er läuft kalt von oben in Sieglindes Ärmel. Das stört selbst sie, doch sie arbeitet sich weiter mit Leiter, Draht, Schere und Säge gewappnet durch den Garten.
Was sie auch noch stört, sind die ins Schluchtern geratenen Wogen von Vergissmeinnicht. Obwohl noch nicht ausgeblüht, müssen sie weichen, weil die gründliche Farbgestalterin das jetzt verblichen wirkende Blau zwischen den frischen Maifarben von Storchschnabel, Iris und Nelkenwurz nicht dulden mag.

Heiteres Zusammenspiel von Storchschnabel und Bartiris

## 23. Mai

Das Wunder ist geschehen! Der Pfingstsonntag zeigt sich sonnig und warm, wie er schöner nicht sein könnte.
Nach einer Radtour durch die singende, grüne Feldmark landen wir, drei gartenbegeisterte Frauen, am späten Vormittag am Gartentürchen.
Wir werden schon erwartet – von den ersten cremefarbenen Bartirisblüten, der rosa Strauchpäonie in deren unmittelbarer Nähe sowie einem frisch aufgeworfenen Erdhügel mitten im gelben Beet. Das ist schon provozierend, gehört es doch zu den schönsten Beeten im Mai.
Verschiedene Bachnelkenwurzarten *Geum coccineum,* Fingerkraut *Potentilla*, Junkerlilie *Asphodeline lutea* und gelbe Taubnesseln neben gelbblättrigen Berberitzen bilden einen sonnengelben Teppich.
Gelb panaschierte Sorten von Hosta und Schwertlilie sind allerdings durch die Kälte noch etwas zurückgeblieben.
Dafür sind die ersten dunkelroten Sterndolden *Astrantia major* auf dem roten Beet erblüht.

Besondere Mühe verwendet Sieglinde bei ihrer Gestaltungskunst auf die Farbübergänge zwischen den Beeten. Sie erklärt uns: „Ich möchte große Flächen mit sanften Farbübergängen durch Immergrünes oder Gruppen von höher wachsenden Pflanzen wie Berberitzen oder Kletterosen, die Ruheorte zwischen Farbsinfonien schaffen. Ich möchte keine Gartenzimmer, sondern einen Überblick ohne Trennungen."

Weißer Wildflieder

Bartiris

Mit einem Schneeball verflochtener Goldregen

Weiter geht es durch den Waldgarten zu dem weißen Beet mit den vielen panaschierten Stauden. Hinter ihnen bemühen sich eine blaue Clematis und die dunkelrote, kleinblütige Heckenkirsche *Lonicera tatarica* ´Arnold Red` trockene und dünne Stämme älterer Fichten zu begrünen. Da sie noch jung sind, ist ihr Erfolg erst mäßig.

Bei Aufräumarbeiten fand Sieglinde hier eines Tages eine kleine cremefarbene Scheinquitte – fast unter ihrem Fuß. Ausgegraben und nach vorn an den Wegrand geholt, geht es ihr sichtlich besser.
Dann treffen wir auf einen blühenden Buchsbaum – ein Buchsbaum kann blühen? Ja, wenn man ihn lässt und nicht schneidet, tut er das und sogar mit süßem Aroma! Ein Stück weiter am Hang ist ein weißer Wildflieder zart erblüht. Tief füllen wir unsere Lungen mit seinem faszinierenden Duft.
Weiteren intensiven Wohlgeruch erleben wir rund um das täglich bunter werdende Irisbeet. Einen Weg gibt es dort nicht, nur einen Trittstein. So treten wir nacheinander in den Duftraum.

Vom vielen Sehen, Riechen, Fragen und Erfahren sind wir hungrig geworden und widmen uns nun einem weiteren Grund unseres Treffens zu Pfingsten: Ein Picknick haben wir auf unseren Gepäckträgern mitgebracht.
Sieglinde steuert die Tischdecke und das Geschirr bei. Hätte man gestern noch Handschuhe gebrauchen können, müssen wir uns heute darüber verständigen, wer einen Schattenplatz benötigt und wer die Sonne aushält. Die Sitzgruppe zwischen Rosen und Clematis ist noch längst nicht grün umhüllt. Bei Quiche, Geflügelsalat und weiteren Leckerbissen finden unsere Gartengespräche behagliche Fortsetzung.

Später werden die Gepäckträger noch neu befüllt mit Ablegern und Sämlingen. Nelkenwurz, Iris und Tränendes Herz machen sich mit uns auf den Heimweg Richtung Deister.

## Ab Juni wird es bunt ums Gemüseland herum

Verwirrend betörende Aromen verströmt auch die Strauch- und Kletterrosenhecke entlang des Zauns zum Feldweg. Täglich öffnen sich hier neue Blüten: ´Nevada`, ´Frühlingsduft`, ´Frühlingsmorgen`, ´Hansa` und ´Agnes` sowie weitere Wildrosenhybriden bezaubern die vorübergehenden Spaziergänger und veranlassen sie zu verzückten Ausrufen.
Die letzten trockenen Zweige erfrorener Kletterrosen in den höheren Bäumen sind kaum noch zu sehen.
Der Winter ist endgültig vergessen.

Bartiris und Pfingstrosen gehören zu den Gartenhöhepunkten des Frühsommers

Moritz kommt mit Pflanzengeschenken

´Aicha`

´Blush Hip`

## 6. Juni

Fröhliches Vogelgezwitscher empfängt mich. Noch während ich mich daran erfreue, wird es vom Geschrei eines Starenschwarms übertönt. Sieglinde ruft: „Die Radaubeulen überfliegen uns. Das sind meine späteren Gegenspieler, sie spähen aus, wie weit die Kirschen sind." Sie wartet bereits ein wenig ungeduldig auf ihren jungen Helfer Moritz. Er soll ein altes Rosengitter abbauen und den gut fünfzig Meter langen, mit Brennnesseln durchsetzten Grasstreifen entlang der Rosenhecke schneiden. Außerdem wartet noch eine überwucherte Treppe, die zum *Grund* hinunter führt, darauf, gesäubert zu werden.

Es ist schon fast 15 Uhr, als er schwer beladen die Fruchtallee heraufkommt. Einen Korb voller Pflanzengeschenke hat er dabei. Seine Mutter hat ihm eine Hortensie für das weiße Beet mitgegeben. Als Topfblume hatte sie bei ihr ausgedient. Ein vorgezogenes Faulbäumchen und einige Staudenableger sind auch noch dabei. Die sind für mich. Moritz hat bereits einen Triathloneinsatz hinter sich. Hoffentlich reicht die Kraft noch für den Garteneinsatz ...

Rasch ist das alte Gitter entfernt. Das hohe Gras schneidet er mit einer Handschere. Lärmende Motorgeräte sind in Sieglindes Naturgarten nämlich verpönt. Während Moritz noch zwei Stunden arbeitet, kann sie sich über einige Veränderungen Gedanken machen.
Zum Beispiel, wie sie mit der silbernen Eselsdistel umgehen soll, für die sie bislang vergeblich nach einem passenden Partner sucht. Fast zwei Meter hoch steht sie etwas verloren links vom Irisbeet und blickt über alle hinweg.

Die gelbe ´Aicha` erblüht als eine der ersten Strauchrosen

## 10. Juni

Nach einem Gewitter beginnt ein ungewöhnlich schwüler Frühsommertag, der durch den würzigen Nelkenduft noch schwerer lastet.
Zwei große Kletterrosen auf dem Weg zum Waldgarten, die scharlachrote Wildrose ´Rosa moyesii` und ´Mme Sancy de Parabère` in Reinrosa öffnen ihre ersten Blüten.

Am Reneclaudenplatz könnte ich es stundenlang aushalten, um die kugeligen rosa Blüten der Strauchrose ´Blush Hip` und das angeregte Hummelgesumm in der benachbarten gelben ´Aicha` zu genießen.
Von hier aus überblicke ich gut das Gemüseland, auf dem Sieglinde jätet, die Kohlrabisaat pikiert und anschließend einiges nachsäen wird.

Für die vor Wochen eingesäte Petersilie kam die Wärme zu spät. Die Saat ist nicht aufgegangen. Auch von den Bohnen keimte nur etwa die Hälfte.
Allmählich erröten die Erdbeeren; sie sollen vor Vogelfraß geschützt werden. Es wird Stunden dauern, bis die langen Reihen mit Netzen überzogen sind.

Anschließend müssen die Möhren gehackt werden. Während die Hände diese Routinearbeiten erledigen, plant der Kopf schon die nächsten Änderungen:
Aus dem Bartirisbeet will Sieglinde alle niedrigen Sorten nehmen und die Mitte ausschließlich mit blauen Pflanzen bestücken.
Dies sind Überlegungen für die Zeit nach der Blüte.

# Juni

Immer wieder sind neue Schäden zu beklagen: Eine weitere Kletterrose welkt, braune Zweige zeigen sich an mehreren Rosen – sind es Winternachwirkungen oder die Mäuse? Obwohl Sieglinde mehrere hundert Rosen in ihrem Garten beherbergt, schmerzt jeder Verlust.
Die erfrorenen Kletterrosen dienten nicht nur als Abgrenzung zwischen Nutz- und Ziergarten. Ihr Schattenwurf war auch für sonnenempfindliche Stauden einkalkuliert. Mit der stärker werdenden Sommersonne macht sich dies nun bemerkbar.

An mehreren seiner grazil überhängenden Zweige wurden winzige grüne Blätter sichtbar – nun verabschieden sie sich doch – Tag für Tag trocknet mehr ab. Zu zweit machen wir uns an die Arbeit, den drei bis vier Meter hohen Strauch bis auf den Boden zurückzuschneiden.
Vorsichtig muss Zweig für Zweig zwischen den umgebenden Sträuchern und Stauden bis zum Weg herausgezogen werden – das ist ein Schubsen und Schieben bis alles weggeräumt und auf die Totholzhaufen geschichtet ist.

Braune Zweige und welke Blätter an den Rosen geben Rätsel auf

Buchskugeln mit jahreszeitlich wechselnden Begleitern sehen immer elegant aus

Kleinere Gitter für Stauden werden von jetzt an bis zum Spätsommer Stück für Stück wieder hervorgeholt. Dauernd erlebt Sieglinde mühselige Wechsel zwischen sich stark ausbreitenden Pflanzen oder geschädigten und gänzlich zerstörten, die Löcher hinterlassen, die es zu stopfen gilt. Da ist ihre Freude groß, als die Ballonblume und so manche Clematis nach einem Mausefraß noch einmal durchtreiben.
Der stark herunter gefrorene Schmetterlingsstrauch *Buddleia alternifolia* im hinteren Gartenteil erweckte wochenlang den Eindruck, sich zu erholen.

Und wieder schmerzt es, eine liebgewordene Pflanze zu verlieren. Ähnlich verlief es mit dem Blauglockenbaum *Paulownia tomentosa*. Er starb vor einigen Jahren ab und Sieglinde holte ihn Ast für Ast herunter.

Davon unbeeindruckt schweben zwei Bussarde über uns und noch viel weiter darüber ein tiefblauer, wolkenloser Himmel.

## 12. bis 19. Juni

Im Hostabeet nahe dem Garteneingang ist es eng geworden. Funkien wirken optisch am besten, wenn sie sich nur mit den äußersten Blattspitzen berühren. So verpflanzt Sieglinde acht Exemplare in die Nähe des Gemüselandes. Gleichzeitig lässt sie hier einen bogenförmigen Weg entstehen. Außerdem werden fünf Falsche Alraunenwurzeln *Tellima grandiflora* verpflanzt. Das ist die kreative Gartenarbeit der Woche. Einige Gartenbesucher bilden den kommunikativen Teil, aber die meisten Stunden vergehen mit Pflichtarbeiten.

Trüb und kühl ist es heute, einen Tag vor dem Sommeranfang. Aus dem kleinen Wiesenstück am Garteneingang begrüßt mich eine weiße Glockenblume. Hoch erhoben zwischen Storchschnabel, Flockenblume und Ehrenpreis scheint sie die Sonntagsglocke zu läuten.

Dieses Entrée hat schon den einen oder anderen Besucher irritiert. Wer sich auf einen Garten mit Hunderten von Rosen, Clematis und Iris freut, erwartet nicht einen solch wildromantischen Anfang.

Sonnendurchleuchtete Hostablätter

Kleiner Bogenweg am Rande des Gemüselands

Da sind zunächst die Erdbeeren: Unter den schützenden Netzen reifen sie und können im Zwei-Tage-Rhythmus geerntet werden. Leider sind sie durch Frosteinwirkung während und nach der Blüte verformt. Manche haben verhutzelte Spitzen. Das macht die Ernte und die Weiterverarbeitung mühsam. Von den verblühten Nachtviolen muss einiges ausgerissen werden, um einer zu starken Versamung vorzubeugen. Den Akeleien ergeht es ähnlich. Viel Zeit nimmt weiterhin die Irispflege in Anspruch, ebenso die „Bodenpflege“ der Plattenwege.

# Juni

Nur wenige Meter später überrascht und beruhigt dann ein streng gegliederter Etagenschneeball *Viburnum plicatum ´Mariesii`* mit seinen schneeweißen Blüten.
Sieglinde wartet hier heute auf Besucher. Zur Rosenzeit kommen die meisten Garteninteressenten. Während eines solchen Rundgangs begibt sich neben den Besuchern auch Sieglinde auf Entdeckungstour. Dabei findet sie sich versteckende Brennesseln, Fraßschäden oder Farbunstimmigkeiten.

Seit einiger Zeit nimmt Sieglinde an der *Offenen Pforte* der Region Hannover teil. In all den Jahren davor war ihr Garten ein fast geheimer. Die für heute angemeldeten Gäste kommen nicht. War es ihnen zu kalt oder klappte es mit der Anfahrtsbeschreibung nicht?
Stattdessen kann es mit der Gartenarbeit weitergehen: Verblühtes muss abgeschnitten, kleine Unkräuter und Sämlinge, die sich gerne in der guten Erde dicht an den Rosen anheften, entfernt werden.

*Viburnum plicatum* in voller Blüte

´Pleine de Grace`

So kann es vorkommen, dass Pflanzen mit einer bestimmten Farbangabe gekauft wurden und sich im Erblühen anders zeigen. Je feiner eine Nuancierung geplant ist, um so schwieriger wird es. So gefiel der im vergangenen Jahr gepflanzte Mohn doch nicht neben den dunkelrosa Pfingstrosen! Dann wurde er vergessen und blieb stehen, da seine tiefgehenden Wurzeln schwer herauszubekommen sind. In diesem Jahr blühen sie etwas versetzt und siehe da, die Farbnuance beim Aufblühen des Mohns harmoniert mit der fortgeschrittenen Päonienblüte. Ein schöner Dank!

Zunächst wollen wir jedoch die fast hundert Meter lange Strauch- und Kletterrosenhecke von außen begutachten.
Fünf Meter hoch ist die weiße Kletterrose ´Pleine de Grace` in den Pflaumenbaum gewachsen.
Zugleich tanzen zwei ihrer lang herunterhängenden Zweige den vorbeifahrenden Traktoren vor der Scheibe herum. Obwohl dies der Rose mehr schaden könnte als dem Fahrzeug, befürchtet Sieglinde Ärger mit den Landwirten. Wir versuchen, die schöne Weiße mit Draht zu bändigen.

Zu diesem Zweck steigt Sieglinde auf die mitgebrachte Leiter und schreckt eine Amsel auf. Wir sind auf ein Nest gestoßen und ziehen uns baldmöglichst zurück.
Anschließend zeigt sie mir die Rose *omeiensis pteracantha*, die ihre kleinen weißen Blüten als erste in der Rosenhecke öffnet. Danach fällt sie auch noch wegen ihrer roten, durchscheinenden Stacheln an den frischen Trieben auf.
Eine vorbeikommende Wandergruppe erfreut sich an der Rosenpracht und wir kommen ins Gespräch.

Hier draußen hat man einen etwas erhöhten Standort und kann die Gartenmitte einsehen. Dieser Teil und die ihn umgrenzenden Bäume breiten sich wie auf einer Bühne vor dem Betrachter aus. Besonders die goldblättrige Gleditschie kommt gut zur Geltung und einige der größten Strauchrosen rund um das Zentrum bilden ein herrliches Farbenspiel!

*Geranium cinereum* ´Ballerina`

Rotstachlige Wildrose *omeiensis pteracantha*

Eine Frau fragt nach einem passenden Bodendecker für ihren Garten und wird von Sieglinde fachkundig beraten. Hierfür erkundigt sie sich nach dem Standort, der Größe der zu bedeckenden Fläche, dem Farbwunsch, der Wuchshöhe. Soll die Pflanze immergrün oder kann es ein laubabwerfender Bodendecker sein? Zufrieden begibt sich die Gruppe schließlich mit einer Empfehlung für den Storchschnabel *Geranium cinereum* ´Ballerina` wieder auf den Weg.

Die Kletterrose ´Venusta Pendula` blüht auf einer Länge von zehn Metern

Wildgras im Waldgarten

Schließlich kehren wir in den Garten zurück. Inzwischen hat sich die Sonne durch die Wolkendecke geschoben. Die sich ausbreitende Wärme bringt uns den intensiven Duft der uns umgebenden Rosen nahe.
Dieses Aroma ist unsere Vorspeise, anschließend knabbern wir die erste geerntete Salatgurke und lauschen dem Vogelkonzert. So wunderbar kann eine Mittagspause im Garten Dorn sein.
Zwischen die lieblichen Singvogelstimmen mischt sich mehr und mehr das gierige Kampfgeschrei von Krähe, Eichelhäher und Specht, die sich über die Kirschen hermachen.
Eine wenige Kilometer entfernte Obstplantage vertreibt Vögel mit Schreckschusspistolen.
Nun landen sie alle hier. An eine große Erdbeerernte ist auch nicht zu denken. Die anhaltende Trockenheit reduziert den Ertrag drastisch und macht die Ernte mühselig. Sieglinde hofft, wenigstens ausreichend für Stammkunden zu haben.

Blick für Zaungäste über die Rosenhecke hinweg

Vielleicht sollte sie ihnen Stachelbeermarmelade schmackhaft machen. Diese Sträucher tragen reichlicher als in den Vorjahren ...
Am Rand des Erdbeerbeetes fällt mir ein schöner roter Farbdreiklang aus Muskatellerblüten, dem rotblättrigen Bäumchen *Cercis* und einer Pfingstrose auf.
Im waldigen Grund hat sich in den vergangenen Tagen auch einiges getan: Moritz war noch einmal da und hat mehrere alte Rhododendren beschnitten. Bei einigen sind nur noch nackte Äste übrig geblieben. Für eine radikale Verjüngung ist das unumgänglich.
In der angrenzenden „Wildnis“ war die Gärtnerin an einer Zierhimbeerfläche tätig, die sich zum vierten Mal den Rodungen hartnäckig widersetzte. Angrenzend fällt eine ruhige Grünfläche aus fast kreisrunden, gewellten Blättern der Schildblattpflanze *Peltiphyllum* auf.
Einen Kontrast dazu bilden zierlich wippende, etwa 40 cm hohe, glänzende Wildgräser. Hier und da im Garten aufgespürt, wurden sie im Laufe der vergangenen Jahre zu einer Fläche zusammengetragen.

*Peltiphyllum*

Die Strauchrose ´Fantin Latour` umkränzt von Spornblumen

## 24. Juni

Zu Fuß vom Nachbarort aus kommend erreiche ich mit einer Freundin am späten Nachmittag den Garten. Die Sonne brennt. Sieglindes Arbeitstag hat um elf Uhr begonnen.
Sie erntet, sie jätet und schneidet abgeblühte Irisstängel und Rosenblüten ungeachtet des hochsommerlichen Wetters. Endlich hat sie die tote Kletterrose am sogenannten Starenkastenbaum, einem abgestorbenen Pflaumenstamm, heruntergeschnitten. Darauf ist sie sehr stolz. Und darauf, ganz alleine den kranken Blumenhartriegel *Cornus kousa* abgesägt zu haben. Durch diese beiden schweißtreibenden Werke ist der Blick frei auf zwei ihrer ganz großen Lieblingskletterrosen, *Rosa helenae* \`Sämling´ *und \`Mercedes´.*
Nun ist endlich Zeit für eine Pause im Schatten mit Himbeerschorle.

Zwei Vogelnester liegen auf dem Tisch, ein locker gewebtes und ein festes mit einem Boden aus lauter Pferdehaaren.
Hier konnten Vogelkinder also auf einer echten Rosshaarmatratze schlafen. Beide Nester sind jeweils etwa handgroß. Vielleicht hat ein Rotkehlchen darin gewohnt? Gefunden hat Sieglinde das eine in einem Buchs, das andere in einem Rosenbusch. Neben uns blüht schon die erste Dahlie, roséfarben mit goldener Mitte. Ist es dafür nicht ein bisschen früh?
Erst vor wenigen Wochen hat sie die zu Hause vorgezogene Pflanze in den Garten gebracht. Mit etwas Glück und regelmäßigem Schneiden wird sie bis zum ersten Frost blühen.
Meine Freundin kommt aus dem Staunen über den Blütenreichtum nicht heraus und ist einfach überwältigt.

Vom William Lobb Platz aus haben wir einen schönen Blick auf die so ebenmäßig rund und groß gewachsene Rose ´Fantin Latour` mit einem üppigen Kranz aus etwas dunkleren Spornblumen zu ihren Füßen.
Einige Meter dahinter klettert die Ramblerrose ´Madeleine Seltzer` über fünf Meter hoch in einen blaugrauen Wacholder.
Die Rose ´Ilse Haberland` trifft mit ihrem Roséton genau den der neben ihr blühenden Pfingstrose. Sie macht übrigens auch als Schnittrose eine gute Figur.
Mit den Rosendüften konkurrieren kann eine roséweiß gemusterte Weigelie am Rand des Waldgartens. An ihr kommt in diesen Wochen niemand vorbei ohne zu schnuppern.
So setzen sich auch während der Rosenpracht durchaus andere Pflanzen gekonnt in Szene.
Verschiedene Alliumarten strecken ihre geometrisch exakten, teilweise noch knospigen Kugeln schwebend in die Höhe. Einmal erblüht, riechen diese Zierlauchgewächse überhaupt nicht nach Zwiebeln, sondern angenehm süß.
Neben den bekannten Sorten mit violetten, aufrechten Sternblüten finden sich auch zartere, beispielsweise solche mit hängenden und solche mit gelben Köpfchen. Sogar ein sich kringelndes Exemplar bekommen wir präsentiert, das den Eindruck macht, als wisse es nicht, wohin es sich wenden soll.
Bei manchen werden die Blätter gelb und welken, während die Blüte noch strahlt.
Der mit dem Allium verwandte *Nectaroscordum* (stolze 1,20 Meter hoch) hat sich ziemlich unbeliebt gemacht, als er benachbarte Stauden mit den abwelkenden Blättern erdrückte. Unerbittlich bekam er einen Platzverweis und ein Teil von ihm landete auf dem Kompost.

Als Rückweg wählen wir den gelben Weg und entdecken eine vielen Laien unbekannte, bizarre Staude. Sie überragt uns, hat kantige Stängel, auf denen drei Blütenknospen wie große Strichmännchen sitzen. Es handelt sich um Schuppenköpfe *Cephalarien,* die hier demnächst ihre cremeweißen Blüten öffnen werden.
Trocken und warm legt sich der Abend über den Garten. Er sehnt Wasser herbei. Die hohen alten Silberpappeln auf der Gartennordseite lösen mit ihrem Rascheln im Wind das Vogelkonzert ab. Bei geschlossenen Augen hört es sich wie das Rauschen eines Flusses an oder ist das mehr ein Wunschgedanke?

*Alliumknospen*

*Cephalarien* schwanken auf hohen Stengeln

*Nectaroscordum*

Gartenbesucher am gelben Beet

Wachsblume *Cerinthe*

## 26. Juni

Ein strahlender, heißer Sonntag ist heute und Siebenschläfer – ob es wohl sieben Wochen lang so bleiben wird? Sieglinde wäre das gar nicht recht. Schon jetzt leiden einige schattenliebende Pflanzen. Die Funkie mit den suppentellergroßen Blättern, die nach den ersten Gartenmetern so manchen Besucher zu schwärmerischen Ausbrüchen veranlasst, gehört dazu. Da die einst benachbarte Rose erfroren ist, fehlt hier ihr Schatten.
Mit einer weiteren Freundin sind wir zu einem Rosenrundgang verabredet. ´Paul´s Himalayan Musk` und ´Pleine de Grace` nicken uns zu mit ihren weißen Blütenbüscheln aus der zehn Meter hohen Kiefer.

Ein paar Rosen überraschen sogar die Fachfrau Sieglinde: Eine pinkfarbene Strauchrose blüht am dreijährigen Holz und zusätzlich an den neu gebildeten Trieben. Am gelben Beet bewundern wir das sonnengelbe Zusammenspiel einer stattlichen Alantpflanze, eines Fingerhuts mit kleinen gelben Blüten und der Rose ´Benita`.

Im blauen Beet leuchten als Kontrast drei rote Rosen: ´William Shakespeare`, ´Dark Lady` und ´The Squire`. Kräftige Nelkentupfer duften im pink betonten Beet. *Cerinthe*, eine exotisch anmutende einjährige kleine Wachsblume, blüht identisch blau mit dem sie umgebenden Lavendel. Ihre Blätter changieren von Grün bis zu einem verwaschenen Blau.

Beeindruckt von all der Pracht, bricht es nach einer Viertelstunde aus meiner Freundin heraus: „Ja, geht es denn immer noch weiter, das ist ja unfassbar, wie machen Sie das nur alles? Pausieren Sie zwischendurch und genießen diese Pracht auch mal von einer Gartenbank aus?“ Es folgt eine kurze und pragmatische Antwort, von der Sorte, wie Sieglinde sie gerne gibt: „Wenn ich etwas esse, setze ich mich.“ Und sie sieht nicht so aus, als gehöre das Essen zu den Dingen, mit denen sie sich länger als unbedingt nötig aufhielte.

Meistens ist sie ungeduldig. Auch mit den Rosen. Seit Tagen wartet sie auf die ersten großschaligen Blüten mit den auffälligen Staubgefäßen der Rose ´Morning Mist`.
Längst nicht alle Rosen sind käuflich erworben. Sieglinde zieht mit großer Freude Rosensämlinge heran. Manche ähneln ihrer Mutterpflanze gar nicht und werden „getauft". Oft entdeckt sie solche Rosenkinder an sehr ungünstigen Stellen und nur zufällig beim Säubern der Beete. Hocherfreut ist sie auch über eine weitere „rosige" Überraschung: Über einen Meter entfernt von *Rosa gallica* ´Versicolor` gibt es einen stattlichen Ausläufer der Pflanze und nun blüht er – nicht als Wildling, sondern original.
Oft vermehrt Sieglinde ihre Rosen auch durch Stecklinge, so wie jene zierliche, rosaviolette, aus einer Woge aus Frauenmantel und Storchschnabel schauende ´Sibelius`.

Als wir wenig später unten im Grund ankommen, leuchtet kräftig rosa vor dunklem Taxus die englische Rose ´Gertrude Jekyll` (wie tapfer von ihr, denn viel Sonne bekommt sie hier nicht).
Lobend erwähnt sei auch die Ramblerrose ´Ghislaine de Féligonde` wegen ihrer guten Gesundheit. Ihre zuerst apricotfarbenen, dann cremeweißen Blüten zeigen sich den ganzen Sommer über.

Natürlich gibt es auch heute unerfreuliche Entdeckungen und Hinweise: Hier im Grund kämpft die Gärtnerin alljährlich gegen den sich ausbreitenden Blutweiderich, denn er überwuchert beharrlich benachbarte Stauden.

Als Sorgenkind stellt sich eine Reihe von Pfingstrosen heraus. Wahrscheinlich haben sie sich im nasskalten Frühjahr eine Pilzkrankheit zugezogen, die sie jetzt welken und absterben lässt. Die noch blühenden *Päonien* führen zu Farbunstimmigkeiten mit einigen sich zu früh entwickelnden Taglilien. Deren Gelb- und Orangetöne verstehen sich nicht mit dem noch vorherrschenden Rosa. Auch beim Schlafmohn gibt es Farbenärger: Die als violett gekauften Samen haben sich seelenruhig zu Pflanzen mit roten Blüten entwickelt.

Rose ´Sibelius` zwischen Frauenmantel und Storchschnabel

*Rosa gallica*´ Versicolor`

´Ghislaine de Féligonde`

Die Moosrose ´William Lobb`

´Alden Biesen`

´Kosmos`

Auf der Gartenbank am William Lobb Platz legen wir eine Pause ein. Unser Blick fällt auf eine rote Rose und meine Freundin erkundigt sich nach dem Namen. „Das ist meine Erinnerungsrose, sie stammt aus einem Strauß", verrät Sieglinde und wir malen uns insgeheim aus, an welche schöne Begegnung sie wohl jetzt denken mag ...
Wie geht das denn, aus einer Schnittrose eine Pflanze zu gewinnen? Sieglinde erklärt, wie man es macht: „Am besten funktioniert es, wenn man im August einen Rosenstängel mit mindestens zwei Augen in sehr feste Erde steckt und ihn gut feucht hält."

Solch ein Rosensteckling treibt zunächst nach oben und bildet erst im Laufe von drei Jahren genügend Wurzeln aus, um verpflanzt werden zu können. Das klappt natürlich nicht immer.
Und wann pflanzt man am besten Rosen? Im Herbst, wenn es ausreichend feucht ist, der Frost aber noch auf sich warten lässt, so dass sie schon etwas einwurzeln können.
Über so viel anschauliche Gartenpraxis ist es spät geworden. Müde, auch von der Hitze des Tages, aber beschwingt vom Rosenduft machen wir uns auf den Heimweg.

Lavendel, Bergastern und Natternkopf verschmelzen mit rosa Rosen zu einem flirrenden Gemisch

Wenige Tage später geht es endlich hinauf zu den süßen Kirschen. Fünf, sechs, sieben Meter steigt sie die Leiter hoch; in der einen Hand hält sie den Eimer mit dem Befestigungshaken, die andere bleibt frei zum Festhalten. Hoffentlich hält der Ast, gegen den die Leiter gelehnt ist.

Er hält, aber der Untergrund nicht, auf dem sie steht. Sie gerät in Schieflage, als ein Standbein in einen Mäusegang absackt – Sieglinde springt. Das ist gerade noch mal gut gegangen. Nicht ganz … ein paar Tage lang schmerzt der Rücken.

Reifende Süßkirschen

Eines der gelben Staudenbeete, mit der Rose ´Reine de Violettes` im Hintergrund

Die Hitze hält an und lähmt alle Aktivitäten. Sogar die angemeldete Wandergruppe ist auf sieben Personen zusammengeschmolzen, die sich umso vernehmbarer für die gelben Beete begeistert. Hier geben sich ´Solero`, eine zitronen- bis leuchtendgelb blühende Beetrose, verschiedene Bodendeckerrosen, außerdem die gelb gefüllte duftende Rose ´Sterntaler`, ´Celina` und die ´Lichtkönigin Lucia` ein farblich fein abgestimmtes Stelldichein.

Die cremefarbene Rose ´Rosalita` versteckt sich ein bisschen hinter einem zarten Fenchelschleier, die gelben Fingerhutwildarten *Digitalis lutea* und *D. grandiflora* wiegen sich im Sommerwind. Darüber haben die Schuppenköpfe *Cephalaria* auch zur Freude der Hummeln ihre cremefarbenen Blüten geöffnet.

Nach der Gartenführung kennzeichnet Sieglinde die Taglilien farblich mit kleinen Bändern.

## Taglilien *Hemerocallis* gehören zu Sieglinde Dorns Sammelleidenschaften

Sorgen bereiten die Phloxe: Zwar leuchten viele in weißen, blauen, blassrosa und violetten Färbungen, jedoch direkt unterhalb der Blüte, am Stängel, gilben die Blätter. Alle Materialien für Verschattungen sind verbraucht. Die Schlepperei mit den Wasserkanistern lässt den Rücken schmerzen und vereitelt Lieblingsarbeiten. Wünschte sich Sieglinde vor einigen Wochen noch vier oder sechs Hände, dürften es nun schon zwanzig sein.

Ich sinniere über den Begriff „Arbeitsparadies", allerdings mit der Tendenz zur Sisyphusarbeit.

So schön blühte die Rose ´Gloire de Mousseaux`

Das in eine heitere Sommerlandschaft verwandelte Gemüseland

Tagpfauenauge zu Besuch auf einer Kugeldistel

Heute werde ich helfen die Rosen zu schneiden. Ein etwas tiefer ins Laub gehender Rückschnitt kann für eine schöne Nachblüte sorgen.
Mit der rosaweißen ´Gloire de Mousseaux`, die in Kombination mit einer dunkelblauen Clematis blühte, fange ich an. Die Sonne brennt und bis zu den obersten Zweigen muss ich mich ordentlich strecken.

Später wird Sieglinde noch eine übersehene Blüte abschneiden und dabei einen Grünfink aufscheuchen, der sich darüber heftig empört.

Die üppige ´Fantin Latour`, deutlich über zwei Meter hoch, ist als nächste dran beim „Frisör". Der rote Spornblumenkranz zu ihren Füßen ist auch verblüht und kann eingekürzt werden, nicht zu tief, nur bis zu einer Blattachsel, aus der sich eine zweite Blüte ergeben wird.
Sieglinde möchte die Rose auch im nächsten Jahr ohne Leiter beschneiden können und setzt zu einem Radikalschnitt an. Gemeinsam „köpfen" wir also die vor zwei Wochen noch so stolze Rose bis unterhalb der Blätter. Ein Gerippe bleibt übrig. Als einmalblühende Rose verträgt sie einen Schnitt nur im Sommer. Ich bin sehr gespannt, was aus ihr wird. In der prallen Mittagssonne haben wir eine gute halbe Stunde dafür gebraucht.

Für eine längst fällige Pause pflücke ich uns ein Schüsselchen Himbeeren. Ein Stück Schlaraffenland muss jetzt sein. Danach gebe ich mein Debüt als Kirschenpflückerin. Mit einem Zehn-Liter-Eimer in der Hand steige ich auf eine der drei Leitern, wobei ich erst ein bisschen darauf herumhopse, um zu testen, ob der Boden auch wirklich nicht nachgibt.
Von hier oben überblicke ich das ganze Gemüseland. Gut, dass die Fläche von bunten Sommerblumen durchsetzt ist, denn die abgeernteten Erdbeerbeete und das vertrocknende Kartoffellaub sehen karg aus. Sollte Sieglinde nicht ganz auf diese Ertragsfläche verzichten, deren Arbeit so gar nicht im rechten Verhältnis zum Ernteertrag zu stehen scheint? Hier könnte ich mir eine Magerwiese vorstellen mit Bienen anlockenden Wildstauden. Dazu ein Sonnensegel und einen Liegestuhl, von dem aus man Insekten beobachten könnte. Aber jetzt werden erst einmal Kirschen gepflückt.
Nur die reifen ohne Faulstelle und ohne Madenanstich sollen in den Eimer. Plumps, plumps fallen alle, die diesen Kriterien nicht genügen, zu Boden.

Warum sehen eigentlich immer die Früchte am besten aus, die man gerade nicht mehr mit allen Streckbemühungen erreichen kann? Vermutlich, weil man aus diesem Blickwinkel die faulen Stellen oder das Vogelpickloch nicht erkennt.
Nach zwanzig Minuten sind einige Kilogramm Kirschen geerntet. Während des Pflückens spendet uns eine große Wolke Schatten. Nun ist sie weiter gezogen und ich steige von der Leiter herab. Sieglinde ergänzt meinen halbgefüllten Eimer mit ihrer Ernte. Vielen Dank!
Mit der Anweisung, die Früchte gut zu sortieren – so manches Schadhafte übersieht man beim Pflücken, verlasse ich den Garten. Zuhause stelle ich fest, dass sie wieder einmal richtig vermutete.

## 15. Juli

Der rote Kombi der Gärtnerin steht mit offener Tür, gefüllten Wasserkanistern, einigen Kisten Grüngut aus dem Hausgarten und einer eingetopften Pflanze vor dem Garten.

Wie so oft in diesen arbeitsreichen Tagen, kehrt Sieglinde erst nach geraumer Zeit vom morgendlichen Gartenrundgang zurück. Ob sie sich so freut wie ich es mir ausmale? Schließlich hat es in der vergangenen Nacht fast zwei Stunden lang geregnet, was für einen Garten im Hochsommer etwa eine Woche reichen könnte.

Im Garten Dorn zeigt der Regenmesser neun Millimeter Niederschlag an. Entscheidend ist natürlich nicht diese Angabe, sondern wie weit das wertvolle Nass in den Boden eindringen konnte. Es sind nur wenige Zentimeter, weshalb Sieglinde enttäuscht ist. Starker Wind begleitete den Regen und hat vieles zu Boden gedrückt. Auch ein Ast vom Walnussbaum ist abgebrochen und hat das Seifenkraut flach gelegt. Die mit Beschattungsplanen abgedeckten Pflanzen haben gar nichts vom Regen abbekommen. Nun werden in der Hoffnung auf weiteres Nass alle Planen entfernt. Es fehlt ein zuverlässiger Wetterfrosch im Garten!
Es fehlt manchmal auch ein Handwerker, denn die Verriegelung an der Gartenpforte war schon lange rostig und ist nun ausgebrochen. Sieglinde improvisiert mit einem Draht.

*Clematis viticella* ´Mme Correvon`

*Verbena hastata* vor Zinnie

*Clematis* über *Thalictrum*

Violette Astilben, cremeweiße Duftclematis am Gitter dahinter

Ein geschenkter Mönchspfeffer im Topf mit dem stolzen Namen *Vitex angus-castus latifolia* will später einmal ein Busch werden. Dieses mediterrane Gewächs benötigt einen geschützten Platz, um hier zu überleben. Ob es das schafft?
Ein kräftiger Wind weht dicke weiße Wolken über den Himmel. Beim Gartenrundgang bewundere ich einen fast zwei Meter hohen Ehrenpreis *Veronica virginica* mit skurril anmutenden Verwachsungen an den Blütenspitzen. Ein genetischer Fehler, der Staudensammlern gut gefällt, führt zu diesen sogenannten Verbänderungen. Wie von einer Pflanzenpresse flachgedrückt sehen die Blüten aus.

## 17. Juli

Zu dem ersten trüben Tag seit Wochen gesellt sich ein erfrischender Nieselregen. Ich bin heute hier, um Johannisbeeren zu ernten. Eine Stunde brauche ich, um einen zehn-Liter-Eimer zu füllen.
Etliche vertrocknete Früchte sortiere ich aus. Mit einem Dampfentsafter werde ich daraus etwa drei Liter Saft gewinnen.
Inzwischen hat Sieglinde eine riesige Taglilie ausgegraben, in die Schubkarre verfrachtet und sie an einen Platz mit wunderbar lockerer Erde gepflanzt. Diese Stelle wurde vor einigen Tagen „entkernt".
Alte Himbeersträucher und Unmengen von Giersch mussten weichen. Als Nachbarn bekommt die Verpflanzte einige Büschel von dem wilden Ziergras, das sich im Waldgarten vermehrt. Und schon ist ein hübsches, wenn auch noch etwas wackliges Ensemble entstanden.

## 24. bis 30. Juli

Die letzte Juliwoche beschert mehrere Gewitter und gemäßigte Temperaturen. Zwischendurch gibt es immer wieder heiße Zeiten. Allabendlich muss Sieglinde sich entscheiden, ob sie die Beschattungsplanen abnimmt, damit sehnsüchtig erwarteter Regen an die Pflanzen gelangt.

Morgens erntet sie Bohnen, Kohlrabi, Johannisbeeren und schließlich die letzten Himbeeren. Die zweite Tageshälfte nutzt sie, um verblühte Rosen und Taglilien zu entfernen. Zwei Tage lang schneidet sie die Rosenhecke. Zwischen den stacheligen Zweigen hat sich Ackerwinde breit gemacht und erschwert die Schnittarbeiten.

Als wahres Geschenk erlebt Sieglinde die feuchte Witterung, die es ihr ermöglicht, sich vor ein Beet zu stellen, es gedanklich anders zu gestalten, um dann zum Spaten zu greifen und die Idee gleich in die Tat umzusetzen. Phlox, Taglilien und Rosen wechseln ihre Plätze. In der Nähe des Mirabellenbaums verschwinden etliche Pflanzen, um „Ruhe in die Fläche zu bringen", wie Sieglinde es nennt.

Als sich die Sonne wieder blicken lässt, taumeln Füchse, Admirale und Tagpfauenaugen durch die farbenreichen Sommerblumen.

Verblüfft stehe ich vor einer professionell reparierten Gartenpforte. Sie hat nicht nur ein neues Scharnier erhalten, auch der Holzrahmen wurde erneuert.

Ein Verwandter aus Berlin war zu Besuch und schuf dieses gelungene Werkstück, so dass man von Glück reden kann, einen Bauingenieur in der Familie zu haben.

Von den drei Wegen, die zum Kern des Gartens führen, wähle ich heute den oberen, denn ich bin gespannt, wie es den Astilben geht, die mit viel Hingabe und zeitlichem Aufwand vor der Gluthitze geschützt wurden. Groß sind sie geworden und frisch sehen sie aus. Ihre violetten, breiten Kerzen stehen aufgereiht unter cremeweißer Duftclematis.

Das Gemüseland hat eine weitere Farbnuance erhalten: Blau leuchtet der Borretsch zwischen den Erdbeerreihen, der hier nicht nur wegen seiner schönen Farbe steht. Seine tiefgründigen, hohlen Wurzeln lockern den Boden auf.

Mit einem nachträglichen Geburtstagsglückwunsch begrüße ich Sieglinde und erkundige mich, wie sie diesen besonderen Tag verbracht hat.

Verbänderungen an dem hohen Ehrenpreis

Rosenkäfer im Phlox

Violettes Phloxensemble

Hier ein Rückblick: So harmlos sah die Eselsdistel im Frühjahr aus.

*Clematis texensis* ´Princess Diana`

Sommerliche Großstaude *Ligularia*

Aus meiner Sicht wäre zur Abwechslung ein Ausflug vorstellbar gewesen oder eine kleine Feier auf ihrer Blühinsel. „Das wäre wohl ganz schön gewesen", erwidert sie ein wenig bedauernd, „aber bei dem zu bewältigenden Arbeitsumfang im Hochsommer völlig undenkbar!" Früh aufgestanden ist sie, um zehn Kilogramm Johannisbeeren in Saft zu verwandeln.
Als alles auf dem Herd stand, klingelte ihr Telefon mit dem ersten Gratulanten am anderen Ende. Danach eilte sie in die Küche zurück, aber es folgten noch mehrere Anrufe, so dass das Entsaften und Einmachen zu einem Wettlauf mit einer zu verhindernden Katastrophe wurde. Anschließend zog es sie zur Arbeit in den Garten. Überraschender Besuch verhalf am Nachmittag mit einem Kuchen zumindest zu einer Kaffeepause. Am Abend wiederholte sich das Szenario des Morgens mit Saft aufkochen, telefonieren, überlaufen des Saftes, Herd putzen.
Bei nachfolgenden Anlässen könnten Kartengrüße der Rastlosigkeit entgegenwirken, ebenso Gartentätigkeiten wie Astern hochbinden, Rosen schneiden oder verkrauteten Boden hacken, dürften willkommene Aufmerksamkeiten darstellen.
Während Sieglinde noch ihren „besonderen Tag" schildert, bewundere ich die porzellanähnlichen und langen dunkelrosa Glöckchen der Clematis ´Princess Diana`. Von den drei Exemplaren sind zwei den Mäusen zum Opfer gefallen. So bleiben die kleinen graubraunen Tiere ein dauerhaftes Ärgernis. Schade, dass der Terrier Rossi nicht mehr lebt, denn er war der Gärtnerin ein nimmermüder Partner im Kampf gegen diese Plagen. Er buddelte, wo immer er Mäuse witterte, hob ganze Wühlmauswohnungen aus, vernichtete den Nachwuchs und legte ihre Vorratskammern frei.
Seitdem ist klar, wie es zu den unerklärlichen Unkrautvorkommen auf sorgfältig sauber gehaltenen Beeten kam: Quecken- und Ackerwindenwurzeln, in kleine Stücke zerteilt, gehörten zu den gesammelten Vorräten. Was nicht sofort verzehrt wurde, konnte sich zu einer neuen Pflanze entwickeln.
Gibt es auch gute Neuigkeiten? Ja, bei den Hornveilchen gibt es eine zweite Generation, es sind Sämlinge der Frühjahrspflanzen. Außerdem öffnen sich die wunderschönen Ligularien, deren außergewöhnliche Größe der Gärtnerin besonders gefällt. Jedoch nicht überall ist Größe erwünscht: Die Eselsdistel, die sich im Frühjahr noch zart zwischen Fuchsien entwickelte, thront immer noch zusammenhanglos über blauen Stauden, ohne dass sich ein Partner fand. Sieglinde trennt sich nun von ihr.

Die englische Rose ´Morning Mist`

So auch die offenschalige, orangefarbene englische ´Morning Mist` mit ihren großen Staubgefäßen. Kontrastreich steht sie vor dunkelroten Berberitzen. Mit etwas Glück blüht sie bis zum Frosteinbruch und verströmt dazu noch ihren leichten Duft. Die drastisch geschnittene französische Rose ´Fantin Latour` hat

Die Rose ´Fantin Latour`: links nach dem Schnitt, rechts vier Wochen später

tatsächlich wieder kräftig ausgetrieben, woran ich gezweifelt hatte.

Frische Blätter treiben auch die Taglilien aus, während die alten gilben und zusammen mit den welken Blüten geschnitten werden.

Sehr einladend sieht das blaue Beet heute aus mit den enzianblauen Glocken einer Staudenclematis und den zarteren Glöckchen des Helmkrauts *Scutellaria.* Spätsommerlicher Sonnenschein legt sich warm und gelb über den Gemüsegarten. Das macht die Bohnenernte zu einem Vergnügen.

Von den ersten reifen Hokkaidokürbissen nehme ich zwei mit nach Hause. Sie eignen sich hervorragend zur Suppenbereitung: Die dünne orangerote Schale bleibt dran und wird beim Kochen weich, sie verleiht der Suppe die sattgelbe Farbe.

Staudenclematis *heracleifolia* ´Cassandra`

Buschbohnen

Duftendes Seifenkraut

Das Eisenkraut *Verbena hastata* überdeckt fast den Kürbis im Gemüseland

## 21. August

Siebenundzwanzig Rosenfreunde sind von dem Gartenrundgang rundum begeistert. Der befürchtete Regen blieb aus. Sieglinde atmet auf. Wir haben Zeit für ein nachmittägliches Kuchenpicknick mit Holunderblütensaft. Die Augustsonne zeigt soviel Kraft, dass wir ein schattiges Plätzchen aufsuchen, wo Sieglinde von den Mardern in ihrem alten Gartenhäuschen erzählt.

Ganz unten im Grund steht es, seit Jahren den pelzigen Jägern überlassen. Es könnte sicher noch mehr erzählen, denn die Gärtnerin sieht ja nur, was übrig geblieben ist: Die ausgehöhlten Polster ihrer alten Sitzgarnitur sowie tierische Überbleibsel wie Spechtfedern, Mäusebeine und sogar der Vorderlauf eines Rehkitzes.
Um das Bild abzurunden, begeben wir uns später hinunter und lassen uns zeigen, was von den Polstermöbeln auf der ehemaligen Terasse übrig geblieben ist. Sie sieht wirklich nicht mehr einladend aus.

Aber rings um das alte Holzhäuschen hat sich ein „verschwiegenes" Stück Parklandschaft gebildet. An alte Rhododendren schmiegen sich Spieren, Berberitzen und Gräser. Hier bleibt es kühl, wenn sich im übrigen Garten Sommerhitze ausbreitet. Als wir wieder heraufkommen, steigt mir ein Duft wie von frisch gewaschener Wäsche in die Nase. Er entströmt dem rosa blühenden Seifenkraut *Saponaria*.

Eine Ensemble aus Wasserdost, emporstrebenden Gräsern und einer Fläche aus Sedum kurz vor der Blüte entspricht genau Sieglindes Anspruch nach stimmiger Farb- und Formzusammenstellung.

Erfolgreich pflanzte sie eine blühende Wiesenraute um. Überlebt eine Staude den Umzug nicht, ist das für sie eher akzeptabel als sie am unpassenden Ort zu lassen.

Wasserdost über Sedum und Ziergräsern

## 26. August

Sintflutartige Regenfälle setzen weite Teile des Landes unter Wasser. Die Medien sprechen vom Jahrhundertregen und Auswirkungen des Klimawandels. Selbst Sieglinde hütet das Haus. Nun ja, nicht ganz: Im üppig bepflanzten Hinterhof ihres Stadthauses bringt sie in einer Regenpause über fünfzig Nacktschnecken um.

Einen Tag später fährt sie zum Garten und richtet Umgefallenes auf. Ihr Ölzeug ist sperrig, die regennasse Brille schränkt ihr die Sicht ein, Wasser läuft in die Ärmel – scheußliche Arbeitsbedingungen. Nach zwei Stunden bricht sie die Arbeit ab.

Einige Tage später beginnt die Erdbeerpflanzzeit.

Eine neue Erdbeergeneration entsteht in tagelanger Arbeit

Im blauen Hemd hockt die Gärtnerin auf dem klebrigen Lehmboden zwischen den langen Reihen. An den grünen „Nabelschnüren" der Erdbeerpflanzen hat sich in den vergangenen Wochen Nachwuchs gebildet. Die Babypflanzen liegen auf dem Stroh. Viele haben bereits Wurzeln gebildet und diese im Boden verankert. Sie werden von den Mutterpflanzen getrennt, aus dem Boden gezogen und versäubert. Das heißt, die grüne Nabelschnur und alle äußeren Blätter werden entfernt. So bleiben nur das Herzblatt und die Wurzeln übrig. Bei feuchter Witterung können mehr Blätter an der Pflanze verbleiben, weil sie dann besser versorgt werden. Nun sind sie fertig zum Einpflanzen. Aber wohin damit? Parallel zur Neupflanzung muss die älteste Reihe weichen. Alle Pflanzen, die zwei Jahre getragen haben, werden ersetzt.

An die zwanzig Meter Neupflanzung schaffte Sieglinde in zwei Tagen. Diese auf den Knien zu verrichtende Arbeit ist anstrengend und eintönig. Darum wird sie auf mehrere Tage verteilt. Der Boden ist so nass, dass die Jungpflanzen Fuß fassen, ohne gegossen zu werden.
Gelegentlich kauft Sieglinde Erdbeerpflanzen hinzu. Die selbstgezogenen Pflänzchen bleiben nämlich geschmacklich nicht unbedingt das, was ihre „Mütter" waren.
Dunkle Wolken und Wind kündigen erneut Regen an. Mit einem Eimer Jungpflanzen ziehen wir uns in den alten Tomatenunterstand zurück, um die Pflänzchen zu putzen. Dann schauert es auch schon wieder.

# September

der Garten zieht sich um

Im Spätsommer erheben sich hohe Ziergräser, umrahmt von einer weiteren Rosenblüte und Sedum

*Berberis thunberghii* ´Powwow` im beginnenden Herbstkleid

## 4. September

Morgendlicher Regen erfrischt die neu gesetzten Erdbeerpflänzchen.
Eine neue Generation Hornveilchen, grüne Akeleien um die Rosen herum sowie unzählige Sämlinge erwecken den Eindruck eines zweiten Frühlings. Günsel und Braunellen bedrängen die Rosen, als wollten sie diese einschnüren. Das bedeutet jäten, jäten, jäten.

Herbstlich dagegen bieten sich die Hagebutten bildenden Rosen dar. Ein großer orangefarbener Umhang aus Tausenden winziger, beerenartiger Rosenfrüchte breitet sich über den blaugrauen, alten Wacholder aus. Im Frühsommer war der Umhang cremeweiß. Das sind die zwei Gewänder der Rose *helenae* ´Sämling`.

Andere Rosen schmücken sich mit auffälligen, birnenförmigen Früchten, die langsam von Grün über Gelb zu einem tiefen Orange reifen.
*Rosa rugosa* und ihre Verwandten zeigen sich im Mischkleid: Vereinzelte Nachblüten heben sich deutlich ab von den feuerroten Früchten.
Die Berberitze *berberis thunberghii* ´Powwow` wechselt die Farbe drei Mal im Gartenjahr: Gelb leuchten die Blätter im Frühjahr, im Juni schlüpft sie in ihr grünes Sommerkleid mit weißen Tupfen und jetzt beginnt sie zu erröten. Der Etagenschneeball errötet ebenfalls zeitig, danach wird er sein Laub als erstes Gehölz abwerfen.

Allerhand geschäftige Tiere tragen zum vielfältigen Gartenbild bei: Leuchtend gelbbraun ist der Frosch, den ich durch die Beete hüpfen sehe – ist es nun ein Laubfrosch oder ein Grasfrosch?
Ein Grasfrosch ist es, obwohl Gras meistens grün ist. Der grüne Frosch aber ist der Laubfrosch, eine für mich verwirrende Bezeichnung.
Kleine Eidechsen huschen durch die Spalten der Feldsteine, die Sieglinde als Stütze um das Bartgras gelegt hat. Sie ist völlig begeistert, dass ihre Stein- und Totholzsammlungen den Zuzug von Kleintieren begünstigen.
Tief in einer Rosenastgabel finden wir ein kugelförmig gebautes Nest – vielleicht von einem Fitis, dessen flötender Gesang (zizidui) zum Ende hin weich abfällt und deswegen scheinbar traurig, aber dafür oft durch den Garten klingt. Auch dieses Nest wurde von Mäusen beschlagnahmt – es ist voller Hagebutten.
Als ein Kleiber ruft, schaut Sieglinde von der Arbeit auf, doch schon ist er fort, dafür entdeckt sie am Akazienstamm einen Baumläufer. In letzter Zeit tauchen auch häufiger Spechte auf. Vermutlich warten die Vögel auf die Walnussernte.
Wieder einmal schweben über allem zwei Bussarde.
Das ist ein richtiger Vogeltag.
Soeben hat Sieglinde einen Busch Raublattastern ausgegraben. Er ist circa 1,60 Meter hoch und steht kurz vor der Blüte. Am bisherigen Standort bekam er zu wenig Licht, zudem versperrte er die Sicht auf ein attraktives Ziergras. Wohin damit? Die am besten geeigneten Plätze sind belegt. Grund genug für mich, ihm in meinem Garten ein neues Zuhause anzubieten.

Kurz vor der Blüte pflanzt Sieglinde noch einige zu groß gewordene Raublattastern um

*Virburnum plicatum* ´Mariesii` legt schon im September sein Herbstkleid an

Gesunder und üppiger Phlox

Kohlrabi mit „Geschwistern“

Cercisbäumchen

Als ruhige Wand wirken die Berberitzen hinter flirrenden Blau- und Rosatönen

Später entdecken wir einen Ziergrasbusch, der aussieht, als hätte man ihm mit der Grasschere die Hälfte abgeschnitten. Das sieht sehr nach Mäusewerk aus. Die Gärtnerin ist empört.
Der Garten umfasst einen halben Hektar; selbst wenn man durchschnittlich von nur drei Pflanzen pro Quadratmeter ausgeht, beherbergt er 15.000 Exemplare. Die tatsächliche Anzahl ist sicherlich höher, was hoffen lässt, dass trotz der enormen Mäuseplage immer noch genügend Pflanzen überleben werden ...
Eine große Herbstanemone wird noch ausgegraben – und landet erbarmungslos auf dem Kompost. Da hätten sich die Mäuse einmal nützlich machen können!

Der kleine Judasbaum *Cercis,* über die ganze Trockenperiode hinweg gerettet, geht ein.
Sind hier auch die Nager schuld? Oder handelt es sich um einen späten Frostschaden?
Herzlich willkommen heißen können wir dagegen einen Diamantgrassämling, der neben einer Rose aus dem Boden lugt. Seinen Namen hat das Gras übrigens wegen der diamantartig schimmernden Blüten, je nach Lichteinfall.

Auf dem Gemüseland wird der hohe Dill ausgerissen und die Samen sogleich über das Land verstreut – vielleicht treiben sie noch in diesem Jahr aus.
Der Lauch wurde vor kurzem mit Erde angehäufelt, damit die Pflanzen schöne lange, weiße Schäfte bilden.
Skurril sehen einige Kohlrabipflanzen aus: Eine Knolle hat vier bis fünf weitere kleine Knollen gebildet, die wie dicke Warzen recht gut gedeihen.

Auf unserem Rundgang bewundere ich das elegant schwingende Präriegras *Schyzachyrium scoparium,* umgeben von Rosen, die seine altrosa Herbstfärbung unterstreichen.

Obwohl wir im Gespräch sind, entdeckt die „Garteninspektorin“ ganz nebenbei zwischen Stauden bislang unbemerkte Brennesseln und zieht sie ruckzuck heraus.

Rotbuntes Präriegras *Schyzachyrium* in Rosenbegleitung

## *7. September*

Vom sonntäglichen Besuch eines Pflanzenmarkts hat Sieglinde sich ein neues Cercisbäumchen mitgebracht. Noch einmal will sie es mit diesem rotlaubigen Exoten versuchen. Soll sie ihn an derselben Stelle oder lieber woanders einpflanzen?

Eine rosa Schildblume *Cheloné*, eine Sonnenbraut *Helenium* in etwas abweichender Farbgebung als die schon vorhandenen und ein zweiter blauer Mönchspfeffer, dessen Blätter an Hanfpflanzen erinnern, halten ebenfalls Einzug in den Garten.
Die als Sommerbeete angelegten blauen Flächen bieten weiterhin einen malerischen Anblick. Einige Clematissorten, die unermüdlich blühende Bergaster sowie verschiedene Minzen tragen dazu bei. Zudem zeigen sich etliche Phloxe besonders gesund und üppig.
Der übrige Garten hat mit dem Wandel in warme Gelb- und Rottöne begonnen.

Schildblume *Cheloné*

Beim Aufrichten des Grases, im Hintergrund der große Wasserdost

Quitten und Hokkaidos zieren die Bank, bis Sieglinde sie zu leckeren Speisen verarbeitet

## 12. September

Die Luft ist feucht und schwer – fast wie das frisch beackerte Feld vor der Gartenpforte. Es zirpt, brummt und zwitschert; fliegende, springende und laufende Insekten wuseln herum, nebenbei fallen mir vor allem Grünfinken auf.
Von weitem vernehme ich Sieglindes Stimme durch den ansonsten stillen, grau umhüllten Nachmittag. Offenbar hat sie Gesellschaft.
Die Rosenhecke zur Feldseite sieht etwas kümmerlich aus. Viele Blätter haben sich bräunlich verfärbt, einige Zweige sind kahl, ein paar blühende Nachzügler behaupten sich neben dem nicht sehr üppigen Hagebuttenkleid. Der Sommer war für die Flora anstrengend.
Ich mache mich auf den Weg zur Gartenmitte. Eine Frau in sportivem Outfit kommt mir entgegen. Aha – sie war zu Besuch und setzt nun ihre Freiluftaktivität fort.
Neben einem Gartenrundgang gab es allem Anschein nach auch Tee und selbstgebackenen Kuchen. Da blieb wenig Zeit für die Gartenarbeit. Sieglinde begrüßt mich:

## Phloxnachblüte zwischen der Fruchtallee und dem Gemüseland

„Stellen Sie sich vor, vier Kinder kamen plötzlich auf mich zugerollert – wortlos und dann noch quer durch die Himbeeren. Vom oberen Weg kamen mehrere Erwachsene – ich dachte schon, na ja, an einen Überfall.“ Eine Familie mit Gästen hatte offenbar nach einem Ausflugsziel gesucht und war dabei auf den Garten Dorn gestoßen.
Natürlich bekamen sie einen Gartenrundgang geschenkt.

Wir plaudern noch über dies und das, auch darüber, dass eine Gärtnerei heute zu einem *Tag der offenen Tür* eingeladen hatte und fragen uns, ob wir dieses Angebot hätten wahrnehmen sollen. Schnell werden wir uns einig, dass man bei einem solchen Anlass mit vielen Menschen rechnen muss und kaum Gelegenheit für Fachgespräche hätte. Wir bedauern nicht, den Besuch verpasst zu haben. Dafür wird mein Blick auf die zahlreichen und sehr verschieden gearteten Herbstgräser gelenkt, die in diesen Wochen zu blühen beginnen.

Dieses Nest fiel aus einem Grasbusch

# September

Ihre Höhen variieren von 30 cm bis über zwei Meter, die Grüntöne der sanft schwingenden, schmalen Blätter von bläulich grau bis sattgrün.
Sandfarbene, oft ins Weinrot changierende Blütenrispen öffnen sich allmählich und zeigen eine beachtliche Bandbreite von Formen und Strukturen: fedrig, glitzernd, ährenförmig oder silbrig glänzend.
Ein zwei Meter hohes Ziergras ist vom Regen oder vom Wind zerdrückt worden und sieht asymmetrisch aus. Beim Wiederaufrichten fällt eine hellbraune Kugel aus dem Gras – es ist ein aus Grasblättern geformtes Mausenest.

lilienbeet, um die vor einem Jahr gepflanzte Auswahl auszudünnen. Auf dem Flecken wurde es dermaßen eng, dass etliche Pflanzen nicht mehr in der Lage waren, Blüten zu entwickeln. Einige Stauden finden einen Platz im gelben Beet – natürlich erst, nachdem hier ebenfalls ausgelichtet wurde.

Die in alle Himmelsrichtungen wachsenden Artemisien mussten mehrere Quadratmeter Boden räumen. Im vorderen Gartenbereich gibt es Probleme mit dem sich breitflächig versamenden Lungenkraut – es hat mehrere der zarten Traubenlilien *Liriope* überdeckt.

Zarte Weidenröschenblüte

Zwischen Dahlien, Tabakpflanzen und Fuchsschwänzen gibt es ein freies Plätzchen

Voller Begeisterung schildert Sieglinde ihren gestrigen Besuch im hannoverschen Berggarten. Als herbstlichen Höhepunkt hatte man dort eine Fläche mit Gräsern im Stil des holländischen Gartengestalters *Piet Oudolf* eingerichtet. Auch der Phlox hatte es ihr angetan. Unter den hohen Bäumen gefielen ihr besonders die Wildformen mit den kleineren Blüten. Im eigenen Garten hat sie erfahren, dass er sich einfach vermehren lässt, indem man eine Pflanze *flach* ausgräbt. Die in der Erde verbleibenden Faserwurzeln reichen aus, um eine neue Pflanze hervorzubringen. Umgepflanzt wurde in diesen Tagen reichlich im Tag-

Hier unter den hohen Bäumen, die dem Boden viel Wasser entziehen, haben es weniger robuste Pflanzen ohnehin schwer.
Wenn sich für das überschüssige Lungenkraut keine Abnehmer finden, wird es auch auf dem Kompost landen. Oder auf dem verwilderten Erdboden dahinter: Hier treffen kranke oder noch nicht ganz aufgegebene und unerwünschte Pflanzen aufeinander. Am Wegrand hat sich ein Weidenröschen mit zarten pinkrosa Blüten versamt. Sieglinde pflanzt es für mich aus.
Plötzlich beginnt es zu tröpfeln, dann immer heftiger, bis es richtig platscht. Hastig lassen wir den restlichen

Kuchen in der Schachtel verschwinden und die Kamera im Rucksack. Es donnert, der Regen wird rasch stärker. Schnell, schnell – jedenfalls wird die Arbeit nicht davonlaufen, aber zweifelsohne wir. Ein warmes und gesprächsreiches Gartenwochenende wird damit abrupt abgebrochen. Das Gewitter wandelt sich bis zum späten Abend in Dauerregen. Die bevorstehende Apfelernte wird wohl verschoben, denn nass sollten die Früchte nicht gepflückt werden. Andernfalls müssten sie auf trockenem Untergrund breitflächig zwischenlagern.

malte, benötigte sie weit weniger Zeit für ein Gemälde, als es erforderlich ist,einen Garten entsprechend pittoresk zu gestalten. Außerdem bleiben die Farben beständiger erhalten als auf Beeten, die Witterung, Bodenbeschaffenheit, Versamungen und tierischen Fressvorlieben ausgesetzt sind.
Heute sind es die eigentlich weiße Rose ´Champagner`, die in diesem Spätsommer zitronengelb blüht und die mauszerfressene historische Rose ´Queen of Denmark`, die nicht das geplante Bild vermitteln. Die reifen, dunkelroten Früchte der zwei Mal tragenden Himbeeren passen bestens zu dem sommerlichen Tag.

Die Rose ´Bad Birnbach` kann sich noch einmal sonnen

Die Himbeeren schmecken so wunderbar wie sie aussehen

## 23. September

Nach einem kalten Morgen klettert das Thermometer am Nachmittag auf 25°C – vielleicht das letzte Mal in diesem Jahr. Außerdem ist es windstill.
Den Rosen wird der unverhoffte Sommertag guttun. So auch der ´Bad Birnbach`, die sich farblich hervorragend zwischen hohen und niedrigen Arten der blühenden Fetthenne einfügt. Eine vollkommene rotrosa-blau Verbindung bilden Berberitzen, dunkelrote Rosen, weitere Fetthennen und Astern. Zu Zeiten, als Sieglinde ihre Vorstellungen von Form und Farbe noch mit Öl- oder Aquarellfarben auf die Leinwand

Ein halbes Kilogramm hat Sieglinde schon geerntet und wir müssen uns sehr beherrschen, um diese aromatische Köstlichkeit nicht sofort wegzunaschen. Die Ernte gleicht einer Erholung nach der hinter ihr liegenden Arbeit: Gut zehn Quadratmeter alter Himbeersträucher, verwurzelt mit Giersch und Gras haben sich unter ihren Händen in ein Beet mit lockerer Erde verwandelt. Sie grub es drei Mal um und entfernte gründlich alle Gierschwurzelstücke.
Hier sollen die kleinen frühblühenden Iris eine neue Heimat finden. Ihnen ist es an ihrem jetzigen Standort zu eng geworden.

Von allen Seiten vor Nagern geschützte Tulpenzwiebeln kommen jetzt in die Erde

Duft und Farben der Umgepflanzten werden am neuen Standort besser zur Geltung kommen.
Die ständig sich ausbreitende Bergminze soll ebenfalls eine eigene Fläche erhalten, damit die anderen Pflanzen nicht von ihr bedrängt werden.
Auch unzählige Akeleien haben die gleiche Unart und verdecken andere Stauden. Sie müssen daher teilweise verschwinden, denn nicht für alle gibt es Ausweichplätze.
Natürlich vergisst Sieglinde darüber nicht, welch elfengleiche Leichtigkeit sie im nächsten Frühjahr wieder verbreiten werden.
Ja, das nächste Gartenjahr hat bereits einen festen Platz im Kopf der Gärtnerin: Eine Ladung Kaninchenmist hat sie vor kurzem in Empfang genommen – den Winter überwird er zu Erde verrotten und später die Rosen mit neuer Kraft versorgen. In schwarzen Kunststofftöpfen steht bereits eine neue Tulpengeneration

Berberitze, Sedum und Bergaster beherrschen im Herbst dieses sonst luftige blaue Beet

startbereit. Frühblüherzwiebeln ungeschützt in die Erde dieses Gartens zu setzen, wäre vertane Zeit, denn sie böten den Mäusen willkommenes Futter.
Auch auf dem Gemüseland hat es Umzüge gegeben: Einige Porree- und Selleriepflanzen sind auf das gerodete Kartoffelbeet versetzt worden, da an ihrem vorherigen Standort ein Dahlienbeet entstehen soll.

Von den Möhren erntete Sieglinde nur noch Reste – dieses Mal haben die Mäuse von oben angefangen zu knabbern. Einige Blumenkohlköpfe sind ebenfalls angenagt. Ob es helfen wird, die äußeren Blätter über die Köpfe zu stülpen, um sie darunter zu verstecken?

Angenagter Blumenkohl

Samenstand der gelbblühenden Clematis ´Helios`

Fetthenne vor palmblättriger Segge

Chinaschilf vor Staudensonnenblume

Offenbar waren die Mäuse noch nicht auf den Bäumen ... Gestern erntete Sieglinde die ersten unversehrten Äpfel.

Infolge eines resoluten Handgemenges mit den sperrigen Zweigen ging die Leiter zu Boden und riss die Gärtnerin mit sich.
Zum Glück zog sie sich nur eine kräftige Beule zu, die sie daheim ausdauernd mit Eisbeuteln kühlte.

Das Unfallrisiko ist Sieglinde durchaus bewusst und auch, dass im Ernstfall wahrscheinlich niemand zum Helfen da ist. Sie wird die Apfelernte vorsichtiger und handybewehrt fortsetzen und sich ansonsten weiter auf ihren Schutzengel verlassen.

# Oktober

Noch einmal Farbenfeuer und blühende Gräser

## Leuchtender Herbstmorgen

Herbstliche Ziergräser geben elegante Partner für schütter werdende Sommerpflanzen ab

### 3. Oktober

Wolkig, mit etwas Sonne und Wind bei einer Temperatur um 15°C beginnt der Oktober.
Ich halte Ausschau nach „Überlebenden" des verregneten Vormonats. Schon bald entdecke ich zwischen Sommerstauden die großen Ziergräser – stolz und unversehrt. Etwa dreißig Arten beherbergt der Garten Dorn, von denen die meisten jetzt ihre endgültige Größe erreicht haben.
Mit ihrem mächtigen Wuchs weisen sie auf sich hin, aber beeindrucken mit grazilen Details. So eignen sie sich gut, um Anpflanzungen zu kaschieren, die im Herbst keine Augenweide mehr sind. Den nun schmucklosen Bartirisbeeten setzte Sieglinde kürzlich zwei Exemplare einer Rutenhirse vor die Nase.

## Die Dahlie ´Bishop of Llandaff` blüht seit drei Monaten

Das Ensemble der großen Sommerstauden vor dem Waldgartenteil hat ebenfalls der Nässe von oben und unten getrotzt: Die zitronengelbe Staudensonnenblume ´Lemon Queen`, die Goldrute, eine hellgelbe Sonnenbraut, flankiert von flammend roten Dahlien, blühen bereits seit drei Monaten!
Ihr Anblick belohnt das aufwändige Vorziehen der Dahlien im Frühjahr.
Täglich verdichtet sich der Blütenflor der Rau- und Glattblattastern aus zartestem Blau, Rosé- und Pinktönen. Schmetterlinge feiern darin taumelnd ihr Abschiedsfest. Samtig dunkelrot flackern die Fuchsschwänze im Hintergrund, die Rose ´Compassion` wirkt im nachmittäglichen Gegenlicht transparent vor blauen Astern.

Rose ´Compassion` vor Herbstastern

Zart umspielen Grasrispen die hellblaue Aster

Rose ´Alfabia` mit Säulenberberitzen

Birnen- und Quittenernte

An anderer Stelle erheben sie sich über zarten Gräsern oder bilden den Vordergrund einer schützenden Wand aus dunklem Wasserdost.
Neben den unzähligen Mäusen wühlt sich am aktivsten Sieglinde wieder und wieder durch die Beete. Schier unermüdlich gräbt sie, beseitigt und sortiert Pflanzen, um ihre „Gartengemälde“ zu vervollkommnen.
Mitunter dauert es eine Weile, bis eine farblich geeignete Kombination gefunden ist: So war es bei den kleinblütigen, hummerfarbenen Rosen ´Alfabia`.
Nichts, was im Garten vorhanden war, gefiel ihr so recht als passende Zusammenstellung. Schließlich kaufte sie vier dunkelrote Säulenberberitzen.
Die drei Rosen dankten es mit zwei weiteren, aus Stecklingen entstandenen Sprossen.

Wenn so ein Gartentag nach sieben Stunden ausklingt, kommt am späten Nachmittag bereits abendliche Stimmung auf. Noch zirpen die Grillen, sanfter Wind und weiche Luft setzen einen Ruhepunkt.

## 9. Oktober

Ein Besen empfängt mich an diesem windigen Vormittag.Eimer voll mit Pflanzgut säumen den Weg. „In keinem Jahr ist alles so schlimm durcheinander gewachsen wie in diesem“, tönen mir die Begrüßungsworte der Gärtnerin entgegen. Sie ist dabei, schubkarrenweise überschüssige Sämlinge und Wucherndes wegzuschaffen.

In der „roten Ecke“ haben sich Astern zu stark vermehrt. Ausgerechnet dort, wo sie vor einem Jahr alle entfernt zu haben meinte.
Ein anderes Beet erschien ihr passender – die Astern aber sahen das anders und entwickelten sich dort nur spärlich, während sich verbliebene Wurzelstücke und Samen am alten Platz behaupteten.

Säubern, sortieren, pflanzen – Sieglinde wünscht sich oft zehn Hände

Da hilft nur eins: Auf Flächen, die asternfrei bleiben sollen, werden Bretter gelegt, um die Wurzeln zu bekämpfen. Ich finde das eigentlich schade, denn Astern sind doch kein Giersch!

Am morgigen Sonntag erwartet Sieglinde einige Gartenfreundinnen.

Sie werden staunen über die Asternblüte, die jetzt ihren Höhepunkt erreicht hat und schon in wenigen Tagen überschritten sein kann. Wenn der mitgebrachte Kuchen aufgegessen ist, nehmen sie hoffentlich viele Ableger und Sämlinge von Storchschnäbeln, Iris, Bergminze und Taglilien mit, die dringend neue Herbergen brauchen. Für den Besuch fegen wir gemeinsam lange Strecken der Gartenwege und säubern Beete.

Transparent durch herbstlichen Sonneneinfall: eine der seltenen Irisnachblüten

C-Falter auf einer Sedumblüte

Tagpfauenauge

Schließlich lassen wir uns in der Mittagssonne ein Picknick aus Margarinebroten und italienischen Vorspeisen schmecken. Zu unseren Füßen strahlen tausend winzige, weiße Blüten der Teppichaster *Pansus* ´Snowflurry`. Da sie zu Sieglindes favorisierten Kleinodien gehört, darf sich der Blumenteppich bis auf den Weg ausbreiten.
Später legt sich der Wind, die Wolken ziehen nach Westen, die Schmetterlinge kehren auf die Astern- und Sedumblüten zurück.

Eigentlich ist jetzt die Zeit der Walnussernte. Doch in diesem Jahr tragen die Bäume sehr wenige Früchte.
Während Sieglinde in den Vorjahren eimerweise Nüsse vom Baum holte, erledigen dies in diesem Jahr Vögel, Mäuse und Eichhörnchen.

## Rot, Blau und Grün halten sich die Waage

Für die Gartenbesitzerin bleiben nur Zufallsfunde: Beim Graben und Jäten stößt sie auf die Wintervorräte der kleinen Konkurrenten und kann sich damit die Schürzentaschen füllen. Ein weiteres halbes Kilogramm findet sie im Kompost.

Für Sieglinde hat es sich bewährt, den Oktober zum Setzen von Rosen zu nutzen. Schon vor Wochen bestellte sie verschiedene Sorten in jeweils zwei oder drei Exemplaren. Mit den meisten hat sie gedanklich bereits ein neues Beet bepflanzt, da sie sich von einigen Metern Himbeerhecke trennen will. Die Strauch- und Kletterrosen sind auch für entstandene oder noch entstehende Lücken vorgesehen.

Eine handvoll gefundener Walnüsse

# Oktober

## 11. bis 20. Oktober

Ein erster Hauch von Winter schlägt sich als weiße Raureifschicht auf Sieglindes Wagen nieder, obwohl er im geschützten Innenhof eines Stadthauses steht.
Mit bangen Gedanken an die Dahlien fährt sie zum Garten und findet die Blumen „gut gelaunt" vor. Nur eine große Funkie hat es erwischt. Erfroren, aber wie hingegossen liegt das Laub als Blattkranz am Boden.
Da die Herbstferien begonnen haben, findet auch Moritz Zeit, im Garten auszuhelfen.

So muss auch sie weichen – aber wohin damit? Sie landet am Rand des Gemüselands.
Moritz gräbt noch einen Liguster aus und schneidet einen Teil der abgeernteten Himbeerruten. Ich denke, er kann stolz darauf sein, diese Arbeiten in drei Stunden geschafft zu haben.
Vor drei Tagen sind die bestellten Rosen angekommen. Vier Überraschungsrosen sind dabei, denn ihnen fehlt das Etikett. Um Farbunstimmigkeiten zu vermeiden, pflanzt Sieglinde sie zunächst einzeln ein.

Die weichen Blätter dieser Funkie hielten dem ersten Frost nicht stand

Ob die *Vernonia* den Umzug gut übersteht, ist ungewiss

Gemeinsam werden zwei große Spiräenbüsche ausgepflanzt, die den Weg versperrten. Sie finden Aufnahme im *Grund*.
An der bepflanzten Zaunböschung stört mittlerweile auch die große, asternverwandte Staude *Vernonia*. Sie reicht mit ihren violetten Blüten weit über die Augenhöhe der Gärtnerin. Es gefällt ihr gar nicht, einer Staude immer auf die Stängel schauen zu müssen.

Die intensiv duftenden Rosen ´Novalis` und ´Herkules` bekommen Logenplätze: Sie füllen die frei gewordenen Flächen direkt am Weg aus, den die Spiräen räumen mussten. Mit etwas Glück werden die jeweils als Dreiergruppe gepflanzten Strauchrosen schnell zu üppigen Büschen heranwachsen.

´Jasmina` und ´Uetersens Rosenprinzessin` werden paarweise gepflanzt. Sie bekommen einen Platz in der Nähe des Kirschbaumes, wo zuvor schubkarrenweise ein wildes Durcheinander herausgenommen wurde.
Dieses Bäumchen-wechsel-dich-Spiel aus Um- und Neupflanzungen beschäftigt Sieglinde den ganzen Oktober.
Mehr als hundert neue Sträucher, Bäume, Stauden und Rosen haben im Laufe des Jahres Einzug in den Garten gehalten.

Die winzigen Früchte der *Rosa helenae* ´Sämling`

Die Anzahl der Pflanzen, die verschenkt werden, ihren Platz innerhalb des Gartens wechseln oder weggeworfen werden, überwiegt jedoch die Neuzugänge. Der Ausspruch *Du gehst nie zwei Mal in denselben Garten* trifft auf diesen besonders zu.

Wer längere Zeit zwischen zwei Besuchen verstreichen lässt, wird so überrascht sein als käme er in eine renovierte Wohnung: Kaum wiederzuerkennen!

Einige Dauerregentage unterbrechen die Pflanzarbeiten. Diese Zeit nutzt Sieglinde, um Gartenschätze zu verarbeiten. Sie besitzt nicht nur Geschick und umfassendes Wissen als Gärtnerin, Farbenliebhaberin und Malerin.

Unter ihren findigen Händen entstehen auch Kränze, Trockensträuße und Gestecke aus Buchsbaumzweigen und Hagebutten. Sie verriet mir, dass der großblättrige Buchs und die kugeligen Hagebutten der verschiedenen Spielarten der Kletterrosen *multiflora*

Aus Hagebutten und großblättrigem Buchs entstehen kunstvolle Kränze.

*nana* und ´Venusta Pendula` dafür besonders geeignet sind, weil deren Schönheit monatelang erhalten bleibt.
Die langen elastischen Kiwiranken verarbeitet sie außerdem zu kleinen Körben.

Vorsichtig pflückt Sieglinde die letzten Äpfel

Hagebutten der Kletterrose ´Venusta Pendula`

## 21. bis 30. Oktober

Der letzte, noch Früchte tragende Apfelbaum, ein ´Golden Delicious`, streckt seine hohen Zweige in die schwächelnde Herbstsonne.

Vor Jahren büßte er im Sturm seinen Haupttrieb ein und darf nun so hoch wachsen wie er will – Hauptsache, die Sonne erreicht noch seine Früchte.
Eine Leiter und Windstille sind nötig für die Ernte. Zusammen mit Moritz, der einen seiner letzten Ferientage im Garten verbringt, ist diese Arbeit gut zu schaffen. Immerhin kommen sechs Kilo zusammen.

Heute ist Umzugstag für die größte Funkie des Gartens. Sie gehört zu den sogenannten Sommersorgenkindern: Der daneben stehende Kirschbaum ist abgestorben, sein Schatten fehlte an den heißen Tagen, so dass sie unter der Sonne litt – eine typische Reaktionskette.
Für die Umpflanzung ist bereits seit Wochen ein Platz unter einem nahe gelegenen Gehölz frei geräumt. Es fehlte bislang nur der kräftige Helfer in Gestalt von Moritz. Aber heute gräbt er einen Graben rings um die Pflanze und arbeitet sich langsam soweit vor, bis der schwere Ballen aus unzähligen weißen Wurzeln und schwerem Lehm sichtbar und greifbar wird.

Teilweise gelb und weich ist ihr Blattwerk, mit dem so behutsam wie möglich umgegangen wird. Nach einer knappen halben Stunde ist es geschafft: Zwei von uns heben die Pflanze aus dem Boden, einer umgreift das Blattwerk, um sie schiebend und ziehend an ihren neuen Standort zu befördern. Das Pflanzloch passt genau. Noch eine leichte Drehung, etwas Erde um und auf den Ballen, angießen und der Umzug ist vollbracht.

Ein rosa blühender Wildrosensämling bezieht die frei gewordene sonnige Wohnung, da er nach Ansicht der Farbgestalterin Dorn nicht mit dem benachbarten violetten Phlox harmoniert. Die Temperatur von 10°C passt gut zu diesen anstrengenden Tätigkeiten.
Moritz schneidet die Himbeerruten, die er bei seinem letzten Einsatz übersehen hatte.
Eine große Alantpflanze am Hang gräbt er noch aus und ein Symphitum mit armdicken Wurzeln. Beides landet auf dem Kompost. Dann sind Betätigungsdrang und Freizeit aufgezehrt. Er schwingt sich aufs Rad und tritt den Heimweg an. Vielleicht war der heutige Krafteinsatz der letzte in dieser Saison.

Standortwechsel der großen Funkie

Die Beetrose ´Fortuna` blüht bis zum Wintereinbruch

Moritz hat die armdicke Symphitumwurzel gerodet

Die letzten Töpfe mit Tulpenzwiebeln verschwinden im Boden

Die Teppichaster pansus ´Snowflurry` wird mit Feldsteinen angehoben

Wieder allein, entfernt Sieglinde im gelben Beet noch eine kranke Rose.
Später erholt sie sich mit einer Gartenfreundin bei einem ausgedehnten Rundgang. So kann sie endlich die verbliebenen Farben und Umgestaltungen mit etwas Abstand wahrnehmen.
Nasskaltes Herbstwetter wird für die nächsten Tage erwartet.
Mit der richtigen Kleidung ist es gar keine Frage, dass der Garten dennoch aufgesucht wird.
Füße, Kopf, Rücken und Beine sollten es warm haben, dann kann nichts passieren. Diesen ärztlichen Rat befolgt Sieglinde konsequent.
Schwieriger ist der Kampf mit dem nassen und klebrigen Lehm. In mehreren Beeten wird das bunte Gemisch aus Günsel, Braunelle, Bartnelken und Indianernesseln zeitraubend und nur schwer auseinandergenommen.

Jede dieser Pflanzensorten bekommt anschließend ihre eigene Fläche.
Ein Vorgehen, das sich, wie so vieles andere, jährlich wiederholt.
Die Günsel werden wieder die Braunellen besuchen, die Bartnelken sich hinzugesellen und weitere Sämlinge anlocken.
Überrascht ist Sieglinde, dass trotz des Regenwetters vier Besucherinnen eintreffen, unter ihnen eine langjährige Gartenfreundin, die eine Kofferraumladung voller Herbstastern mitnimmt.
Später sortiert sie so lange die Astern nach Farben bis der Regen in alle Kleidungsritzen drängt.
Sie freut sich auf ein heißes Fußbad daheim.

In den letzten Oktobertagen ordnet sie noch einmal Tulpenzwiebeln und setzt die mit Drahtgittern geschützten Töpfe in die Erde.

# November

Letzte Durchsicht – Sturm – Abschiedssignale

## 5. bis 15. November

Spätherbstliches Beet mit abgedeckten Stauden

Die vergangenen zehn Tage haben den Garten verletzlich gemacht. Er wirkt entblößt mit den sich lichtenden Büschen und Bäumen in der feuchtkalten Novemberluft. Durch das welke Laub huschen vereinzelte Amseln. Durchscheinend sind die roten Kleider des Perückenstrauchs und der Berberitzen geworden.
Noch reicht es für ein faszinierendes Farbenspiel in der bleichen Sonne. Auch ein Spierenstrauch hält sein buntes Laub noch fest.

Es reicht sogar noch für Rosenduft: ´Crown Princess Margareta` verströmt ihn trotz der kühlen 8°C.
In diesen letzten Gartenwochen widmet Sieglinde den Rosen noch einmal viel Aufmerksamkeit. Obwohl es regnete, schnitt sie gestern drei Stunden lang Triebe herunter, ohne hinzuschauen, nur nach oben tastend, damit das Wasser nicht in die Kapuze lief, hauptsächlich eingeschränkt durch die nasse Brille, die ihre Sicht behinderte.

Es ist ein Nachschnitt für alte, besonders frostharte Rosen, die noch einmal nachgetrieben haben, damit sie im nächsten Jahr nicht zu hoch werden.
Endlich ist die letzte Rosenlieferung angekommen: Die Ramblerrose ´Francis`, gesehen bei dem sommerlichen Gartenbesuch in Mittelrode, hatte ihr sehr gut gefallen. Die zwei Exemplare werden sofort gepflanzt und mit Komposterde angehäufelt. Zusätzlich erhalten sie einen Schutz aus Fichtenreisig. Derart spät gepflanzte Rosen werden keine neuen Wurzeln vor Frosteinbruch bilden und sind auf besonderen Winterschutz angewiesen. Ohnehin fällt die warme „Decke", die die Gärtnerin auslegt, nach den bitteren Erfahrungen des vergangenen Winters dicker aus. Lavendel und Salbei bekommen auch etwas ab. Die kleinblütigen Clematissorten werden zwar wie immer heruntergeschnitten, ihr Laub verbleibt aber im Rankgerüst und schützt so die benachbarten Kletterrosen vor eisigen Winden.

Die langen, jetzt gelbblättrigen Kletterrosentriebe treten in den dunklen Kiefern deutlich hervor, deren braune Nadeln sich wie hingestreut auf den wohlgeformten, immergrünen Buchskugeln verteilen.
Eine Rosenknospe schiebt sich über den Weg. Sie schaut mich an, als wollte sie sagen: So weit habe ich es noch geschafft, doch nun habe ich keine Kraft mehr.

Nur das Laub setzt sich noch auf die Bank

Eine der letzten Rosenknospen

Das verbliebene Laubkleid ähnelt einem Flickenteppich

# November

Eine Blüte der Rose ´Caramella` reckt sich kupferfarben über eine feurig orangene Berberitze mit Früchten. Sie sehen aus wie Preiselbeeren und schmecken so ähnlich wie Erbsen, nur nicht so süß.
Eine lange Reihe von Herbstastern am Gemüsebeet ist verschwunden. Mühsam und notwendig war es, ihnen Einhalt zu gebieten. Eine ausgewachsene Raublattaster kann durchaus einen Quadratmeter Boden bedecken.

en Anstrich bekommen sollen, denn dort herrscht keine Winterruhe.

Die meisten Gräser werden jetzt gelb, auch die „weiße Ecke" gilbt vor sich hin. Es ist ein Tribut an den Spätherbst, gegen den selbst eine geschickte Gartenmalerin wie Sieglinde machtlos ist.

Rose ´Caramella`

Berberitzenfrüchte

Weiße Primeln blühen über frisch ergrüntem Blattwerk. Sie wünschen sich wohl den Frühling wieder herbei.
So gliedert sich viel Neues nahtlos in das Vergehende. Ein wirkliches Ende des Gartenjahres gibt es nicht. Eher erkenne ich einen Übergang zum neuen Jahreskreis oder die Fortführung einer Spirale, die in unbekannte Zeiten führt.
Die Mittagssonne reicht für ein letztes Gartenpicknick mit heißem Tee. Dabei entdecken wir einen Admiral, dem es auch noch warm genug scheint für einen Ausflug zu den Blüten. Warum ist er eigentlich noch hier, er ist doch ein Wanderschmetterling?
Schließlich räumen wir die ersten eisernen Gartenmöbel unter das schützende Dach des Schuppens. Sieglinde sortiert einige aus, die zu Hause einen neu-

Vielleicht ein weiterer Grund, sich viel mit dem Thema Erde zu beschäftigen – ihr Braun ist zeitlos.
Am Zaun zum Feldweg, dort, wo der waldige Gartenteil beginnt, findet sich beim Aufräumen ein stattlicher, aber verlassener Ameisenhaufen.

Die fleißigen Tiere haben mehrere Schubkarren lockerer, dunkler Erde hinterlassen. Selten zuvor hatte Sieglinde so viel gutes Material, um die Rosen anzuhäufeln.

Ein Versuchsbeet wird als Rätsel in den Winter gehen: Unbekannte Samen, gesammelt während einer Gartenreise, sind zu spät aufgegangen.
Wer sie wohl sind? Dieses Geheimnis müssen sie mit ins Wintergrab nehmen.
Plötzlich ist der letzte Rest Sonne fort, Westwind und feuchtkalte Novemberluft machen sich breit.

Die Gartenmöbel kommen ins Winterlager

Die letzte Dahlie ist ausgegraben

Unbekannte Sämlinge

Nur wenige Tage später bläst sich der Wind zum Sturm auf. Fünf Koniferenstämme, die seit vielen Jahren noch gute Dienste als Rankhilfen leisteten, brechen ab.

Sie waren eng umschlungen von ´Scharlachglut`, ´Flammentanz`, ´Weetwood` und anderen Kletterrosen. Sie bilden ein großes Durcheinander aus welkenden und ineinander verwickelten stachligen Ranken. Dieser Anblick offenbart sich Sieglinde am nächsten Morgen beim Inspizieren.
Das ist eine böse Überraschung, kommt es doch jetzt auf jeden Tag und jede Stunde an, die es noch erlauben, die Pflanzen auf den Frost vorzubereiten. Ein früher Wintereinbruch mit Schnee ist aber vorhergesagt.

Taglilienweg im Spätherbst

# November

Improvisierte Zaunreparatur nach dem Sturm

Zierquittenblüten

Es wird nicht lange gejammert, sondern mit Säge und Schere zugepackt, entzerrt, geschnitten, fortgeschafft, geordnet. Von zehn bis sechzehn Uhr kämpft Sieglinde sich drei Tage durch diese Aufräumarbeiten. Am Zaun hat der Sturm auf einer Länge von mehr als zehn Metern morsche Pfähle abgeknickt, und zwar mitten im Dickicht aus Heckenrosen und zwei Meter hohem Brennnesselgestrüpp.
Auch hier räumt sie schleunigst alles beiseite. Es soll kein Eintrittstor für ungebetene Besucher bleiben, weder für zwei- noch für vierbeinige.
Schon am nächsten Tag hat sie genügend Platz geschaffen, so dass sie drei neue Metallpfähle einsetzen und den Zaun provisorisch reparieren kann.
Nun wird es auch Zeit, die offenen Wasserbehälter zu leeren. Kessel und Wanne werden ausgeschöpft und das eiskalte Wasser auf Beete verteilt, denn der Frost kann selbst Metallbehälter sprengen. Ist jetzt endlich Schluss? Nein! Die Gärtnerin benötigt noch mehr Nadelgrün, um empfindliche Gräser vor Kälte und Wintersonne zu schützen. An der Westgrenze des Gartens, entlang der „weißen Ecke", stehen hohe Fichten und Tannen, die zu starker Verschattung führen und schon lange eingekürzt werden sollten.

Mit einem Gartenhelfer ist nicht mehr zu rechnen. Also setzt Sieglinde ihre höchste Obstbaumleiter an und kämpft sich durch die nebelnassen, pieksenden Zweige. Drei Meter unterhalb der Spitze setzt sie die Säge an.

## 22. November

Die Sturmschäden sind alle weggeräumt, die Grenzarbeiten abgeschlossen, die Fichtenspitzen in handliches Abdeckmaterial geschnitten.

Noch mehr frühlingshafte Blüten geben sich mit den vergehenden ein buntes Stelldichein, das etwas verwirrend auf mich wirkt: Die Rose ´Pomponella` und einige rosa Büschelrosen, violetter Storchschnabel, rosa Zierquitten, eine letzte Taglilie, Malven, einige gelbe Hypericumblüten, eine letzte Phloxblüte. Sie alle leuchten intensiv aus dem herabgefallenen braunen Laub hervor.

Storchschnabel

Malvenblüte

Sieglinde befindet sich in netter Begleitung: Ein Rotkehlchen fliegt zu jedem Platz mit, an dem sie die gute Komposterde verteilt, lässt sich dort nieder und schaut, ob sich wohl das eine oder andere Würmchen einfindet – ein erfahrener Vogel.
Dick und glitschig liegen die nassen Blätter auf den Wegen. Bloß nicht ausrutschen, ist mein Gedanke, während wir einige Karren voller Tannenzweige zum Ausgang schieben. Für den häuslichen Innenhof nimmt Sieglinde sie als Abdeckmaterial mit. Aus den schönsten Exemplaren wird sie Adventskränze winden.

Gut geschützt gehen empfindliche Stauden in die Winterruhe

Laubblätter wie die vom Tulpenbaum entfernt Sieglinde vorsichtshalber von den Stauden

´Pomponella`, ´Frau Eva Schubert` und ´Alexandra Princ. de Luxembourg` ergeben ein schönes Potpourri

Heute gönnt sich die Gärtnerin etwas sehr Seltenes: Sie schneidet einen Strauß der noch am schönsten blühenden Rosen.

Vielleicht ist es ihr letzter Gartentag in diesem Jahr. Die gewaltigen Anstrengungen der vergangenen Wochen lassen sie hoffen, dass jetzt die Winterzwangspause einsetzt. Das erleichtert den Abschied.

Die saumseligen Rosen sehe ich zehn Tage später als Gesteck auf Sieglindes Esstisch.

Das war tatsächlich der letzte Gartentag.
Ein plötzlicher Wintereinbruch mit Temperaturen bis zu minus acht Grad und Schneefall lassen alles noch Blühende über Nacht erstarren.

Die letzten herab gefallenen Blätter werden auf statt unter dem Schnee liegen und Rosenblüten wie Porzellanblumen aus der weißen Decke herausragen. Ein Gartenjahr der Extreme ist damit zu Ende.

# Danke

## Mein besonderer Dank gilt:

Der Garteneigentümerin Sieglinde Dorn, die mich jederzeit durch ihr Refugium führte, geduldig all meine Fragen zur Botanik beantwortete und auch die auf sie gerichtete Kamera ertrug; Angelika Sturm, die mir bei der Bearbeitung des Textes zur Seite stand sowie meiner Tochter Sarah, die das Layout machte, unterstützt von der Fachfrau Heike Kokott.
Ich danke auch Friederike Schwarz, deren Mäuse so liebenswert frech dargestellt sind, dass man ihnen nicht lange böse sein kann.
*Susanne Frank*

## Die Autorin

Susanne Frank, Jahrgang 1955, hält sich seit ihrer Schulzeit leidenschaftlich gern betrachtend und arbeitend im Garten auf, fotografiert Pflanzen, Landschaften und Gärten auf Reisen und daheim. Das Interesse für Sprache und Bilder führte zu ihrem Beruf als Lehrerin für Deutsch und Bildende Kunst.
Sie ist verheiratet, hat drei Kinder und lebt am Rande des Deisters in Wennigsen.



Text und Fotos: Susanne Frank
Gestaltung, Satz: Sarah Frank und
Team Mediengestaltung der Region Hannover
Illustration: Friederike Schwarz überarbeitet
von Team Mediengestaltung der Region Hannover
Autorenfoto: Christine Koberstein Schwarz
Druck: Team Druck der Region Hannover
Printed in Germany

ISBN 978-3-86674-181-2

**Bibliografische Information Der Deutschen Nationalbibliothek**
Die Deutsche Nationalbibliothek verzeichnet diese Publikation in der Deutschen Nationalbibliografie; detaillierte bibliografische Daten sind im Internet über ‹http://dnb.ddb.de› abrufbar.